ABDERREZZÂQ EL-JEZÂÏRÎ

UN MÉDECIN ARABE DU XIIe SIÈCLE DE L'HÉGIRE

DU MÊME AUTEUR

Corpus des inscriptions arabes et turques du département d'Alger, publié sous les auspices du Ministère de l'Instruction publique. Paris, Leroux, 1901.

Éléments du langage arabe (dialecte algérien). Alger, Jourdan, 1903.

ᶜABDERREZZÂQ EL-JEZÂÏRÎ

Un Médecin Arabe du XIIe Siècle de l'Hégire

PAR

Gabriel COLIN

DOCTEUR EN MÉDECINE

Professeur d'Arabe au Lycée d'Alger
Breveté de l'Ecole des Langues Orientales vivantes
pour l'Arabe littéral, l'Arabe vulgaire, le Persan et le Turc
Licencié ès Lettres et Licencié en Droit
Correspondant du Ministère de l'Instruction publique
Membre de la Société Asiatique
Officier de l'Instruction publique
Commandeur du Nichan Iftikhar

MONTPELLIER
IMPRIMERIE DELORD-BOEHM ET MARTIAL
Editeurs du Montpellier Médical

1905

A LA MÉMOIRE VÉNÉRÉE DE MA MÈRE

Hommage de piété filiale.

A LA MÉMOIRE DE MON GRAND-PÈRE J.-V. COLIN

DOCTEUR EN MÉDECINE DE LA FACULTÉ DE MONTPELLIER
CHIRURGIEN-MAJOR DE 1re CLASSE DE L'ARMÉE D'AFRIQUE
OFFICIER DE LA LÉGION D'HONNEUR

A LA MÉMOIRE DE MON PÈRE CLÉMENT COLIN

CAPITAINE DE CAVALERIE
CHEVALIER DE LA LÉGION D'HONNEUR

A LA MÉMOIRE DE MON FRÈRE ET DE MA SŒUR

A MES PARENTS

A MES AMIS

G. COLIN.

A MON CHER MAITRE

MONSIEUR LE DOCTEUR C.-M. GARIEL

PROFESSEUR A LA FACULTÉ DE MÉDECINE DE PARIS
INSPECTEUR GÉNÉRAL DES PONTS ET CHAUSSÉES
MEMBRE DE L'ACADÉMIE DE MÉDECINE
COMMANDEUR DE LA LÉGION D'HONNEUR

G. COLIN.

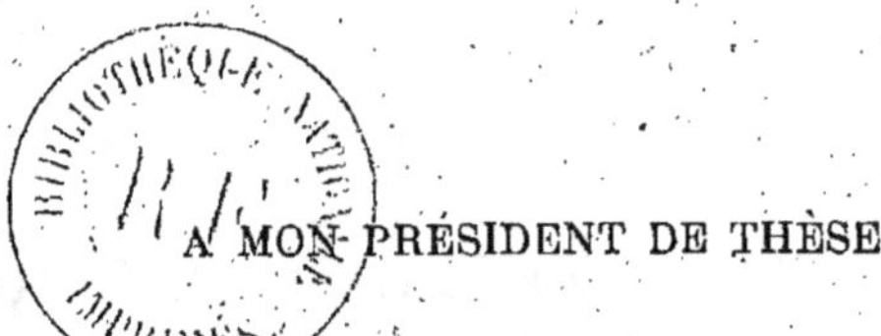

A MON PRÉSIDENT DE THÈSE

MONSIEUR LE PROFESSEUR VIALLETON

DOYEN HONORAIRE DE LA FACULTÉ DE MÉDECINE DE MONTPELLIER

G. COLIN.

AVANT-PROPOS

Au moment de présenter cette thèse inaugurale, je suis particulièrement heureux d'exprimer mes sentiments de profonde gratitude à tous ceux qui, à des degrés divers, ont été mes initiateurs dans l'art de la médecine.

Empêché, pendant plusieurs années, par des recherches épigraphiques absorbantes, de demander la consécration définitive de mes études médicales, je dois aujourd'hui acquitter une dette de reconnaissance déjà ancienne. Il m'est doux de revivre par la pensée l'époque à laquelle j'étais élève de la Faculté de Paris : mon savant maître, M. le professeur Gariel, guida mes premiers pas et encouragea mes efforts. Qu'il me soit permis de lui marquer ici les assurances de mon respectueux attachement.

A son nom j'associe tout naturellement ceux de M. le professeur Brouardel, doyen honoraire de la Faculté de Paris, et de MM. les professeurs Cornil, Mathias Duval, Paul Poirier, Raphaël Blanchard, Armand Gautier, dont j'ai reçu les excellentes leçons à la Faculté ou dans les hôpitaux.

Attaché pendant une longue partie de mon stage hospitalier à la clinique du professeur Germain Sée, je tiens à saluer respectueusement la mémoire de ce maître éclairé et bienveillant. Son chef de clinique, le docteur Gaston Lyon, a pris un soin particulier de mon instruction professionnelle; son beau «Traité de clinique thérapeutique» *est dans toutes les mains, et les qualités d'esprit qu'il révèle chez son auteur permettent de deviner ce qu'ont été, pour moi, les leçons d'un tel guide.*

J'accomplis un agréable devoir en l'assurant ici de ma plus cordiale reconnaissance.

En poursuivant mes trois derniers trimestres d'études à l'Ecole d'Alger, j'ai eu la bonne fortune de profiter de l'enseignement des maîtres distingués qu'elle renferme. Auprès d'eux ainsi qu'auprès de MM. les Médecins des hôpitaux et, en particulier, de M. le professeur Bruch, directeur honoraire de l'Ecole d'Alger, j'ai trouvé un accueil sympathique; je suis heureux de leur exprimer mes sentiments les plus dévoués. Mon savant maître et ami, le professeur Jules Brault, a droit à un tribut spécial de remerciements; il m'a permis de goûter ses leçons, si lumineuses et si attrayantes, et il m'a prodigué les conseils les plus amicaux. Aussi, je me garderai bien de laisser échapper cette occasion favorable de lui manifester mon affectueux attachement.

A la Faculté de Montpellier, qui m'a ensuite ouvert ses portes, j'ai ressenti les heureux effets d'une bienveillance qui reste dans la tradition de cette célèbre Ecole. A M. le professeur Mairet, doyen de la Faculté, à MM. les professeurs Grasset, Tédenat, Hamelin, Ducamp, Gilis, Sarda, Baumel et Bertin-Sans; à MM. les professeurs agrégés Brousse, de Rouville, Galavielle, Vallois et Puech, je présente l'expression de ma plus profonde gratitude. Je ne saurais omettre d'adresser des remerciements particuliers à M. le professeur Hamelin et à M. le professeur agrégé Vires, qui m'ont fait bénéficier des ressources de leur érudition et m'ont fourni les renseignements bibliographiques les plus utiles.

Après m'avoir favorisé de ses précieux conseils, M. le professeur Vialleton, doyen honoraire de la Faculté de Montpellier, m'a fait l'honneur d'accepter la présidence de cette thèse. C'est une grande satisfaction pour moi de pouvoir lui témoigner ici ma sincère et respectueuse reconnaissance.

ʿABDERREZZÂQ EL-JEZÂÏRÎ

UN MÉDECIN ARABE DU XIIe SIÈCLE DE L'HÉGIRE

CHAPITRE PREMIER

LA MÉDECINE ARABE. — SON IMPORTANCE HISTORIQUE

Quand les hordes arabes, poussées par l'ambition de convertir le monde à la foi musulmane, eurent conquis cet immense empire qui s'étendait des bords de l'Indus aux rivages de l'Atlantique, elles sentirent le besoin de lier connaissance avec les peuples qu'elles avaient soumis à leur domination. Le Coran prescrit aux musulmans de combattre les infidèles jusqu'à ce qu'ils se convertissent ou qu'ils paient tribut. Dans toutes les régions envahies, la paix régna bientôt au prix de ces conditions, et la liberté d'esprit qu'elle assurait aux conquérants leur permit de s'abandonner sans réserve à la culture féconde de la science et des arts.

Isolés jusqu'alors dans la péninsule natale, les Arabes ressemblaient quelque peu à des oiseaux qui n'ont point encore senti leurs ailes. Le contact des Grecs de Syrie et de l'École d'Alexandrie éveilla dans leurs âmes le désir de savoir. Quelques siècles plus tôt, le fanatisme patriotique des Romains s'était laissé séduire par le charme captivant de la Grèce, que les conquérants avaient pris pour modèle bientôt après leur victoire. Cette fois, les fureurs du fanatisme religieux vinrent se briser contre le doux et sage scepticisme de l'esprit hellénique, et les événements vérifièrent de nouveau le célèbre vers d'Horace :

Græcia capta ferum victorem cœpit.

Pendant que des auteurs purement arabes, continuant les traditions de leur race et, si l'on peut dire, autonomes, illustraient la poésie, l'histoire, la géographie et le roman, on vit fleurir alors une littérature savante d'une richesse inouïe. Les ouvrages qui la composaient furent d'abord des traductions dues pour la plupart au zèle éclairé des chrétiens nestoriens ; mais bientôt après s'ouvrit l'ère des compositions originales. Parmi ces travaux figurent en grand nombre les œuvres médicales ; elles occupent une place de haute importance puisque, comme l'on sait, leur introduction en Occident, vers la fin du Moyen-Age, y produisit une véritable révolution scientifique.

Dans sa préface des Mémoires d'Astruc [1], Lorry décerne aux médecins arabes des éloges qui montrent en quelle estime leurs ouvrages étaient tenus même au milieu du XVIIIe siècle. « Les gens qui n'ont point eu occasion de jetter » un coup d'œil sur l'état des sciences dans ces temps, qui » sçavent seulement combien elles étaient tombées dans la » plus grande partie de l'Europe, seroient étonnés de voir la » quantité prodigieuse de Traités généraux et particuliers que » les docteurs arabes ont produits sur toutes ces matières, » et qui, quoique presque toujours ingénieux, et souvent » très profonds, sont presque perdus pour nous. » Et sur-

[1] Astruc (Jean) ; Mémoires pour servir à l'histoire de la Faculté de Médecine de Montpellier (Paris, Cavelier, 1767, 1 vol. in-4°), p. XVII de la préface par Lorry.

tout que l'on se garde de penser qu'en écrivant ces lignes, Lorry sacrifiait au goût de son époque et faisait montre d'une admiration de commande! Citons, pour écarter cette supposition, les preuves sur lesquelles il appuie un si favorable jugement : « Pour sçavoir quels étoient au juste ces
» Hommes jadis si fameux, aujourd'hui si décriés, il faut
» consulter la belle notice que nous a donné le sçavant qui
» fait le catalogue raisonné des manuscrits Arabes de l'Es-
» curial. Il faut considérer combien même ont profité de
» leurs lumières ceux des Grecs qui ont écrit depuis l'éta-
» blissement des Universités Arabes. La distillation, l'usage
» des minoratifs, aujourd'hui si général, la connaissance
» des sels, des eaux Termales, des cordiaux aromatiques
» gradués, et même plusieurs méthodes chirurgicales,
» décrites par Albucasis [1], et à peine renouvellées de nos
» jours, sont les fruits de leurs travaux. Avicenne a décrit
» plusieurs maladies nouvelles inconnues aux Grecs. Pres-
» que toutes ses divisions nouvelles sont justes et puisées
» dans l'observation, Il a souvent rectifié Galien et inter-
» prété Hippocrate ; mais surtout sa méthode curative, tou-
» jours bien proportionnée aux causes, et toujours bien rai-
» sonnée, est infiniment plus riche que celle des Grecs. Quel
» est le médecin moderne qui ne se ferait pas honneur de
» la belle description de la petite Vérole, faite par Rhasis [2],
» que les Arabes appellent Mohamad-ben-Zacharia Abuba-
» ker, Rhazis étant le nom de sa patrie, suivant Abulphéda.
» Hist. dynast., p. 191 [3]. »

Les souvenirs de l'époque arabe étaient encore si vivaces, au temps d'Astruc, que Lorry pouvait écrire : « De nos

[1] C'est Aboulcasis qu'il faudrait écrire.

[2] On écrit aujourd'hui communément Razès ; le nom arabe est Er-Râzî, c'est-à-dire originaire de Rey, en Perse.

[3] Astruc ; Mémoires, *op. laud.*, pp. XIV et XV de la préface par Lorry.

» jours même, nous joignons comme ces Grecs la méthode » de guérir publiée et ornée par Hippocrate, illustrée par » Galien à la Matière Médicinale des Arabes [1].»

Comment expliquer, après cela, que le docteur Guardia n'ait pas craint de dire, un siècle plus tard : « La période arabe » est peu connue et elle mériterait de l'être : tout le Moyen-» Age est là et nous avons vu qu'à cette époque la médecine » fut presque constamment unie à la philosophie. Faibles » imitateurs des œuvres de l'antiquité, les Arabes conti-» nuèrent ou plutôt conservèrent la science ; ils furent le » trait d'union entre l'antiquité grecque et les temps moder-» nes [2] ». Il est permis de s'étonner d'entendre qualifier de « faibles imitateurs de l'antiquité » des auteurs qui appartiennent à une « période peu connue » : il eût peut-être été prudent d'attendre des notions plus complètes sur leurs œuvres pour porter un jugement si catégorique.

Quant au préjugé qui tend à faire considérer les Arabes comme de simples copistes ou d'audacieux plagiaires des Grecs, il faut encore montrer avec quelle netteté Lorry en fait justice :

« Quoique M. Freind, d'après l'abbé Renaudot, pense que » toutes les versions des Livres Grecs en Arabe ayent été » faites sur le Syriaque, que cette opinion ait même été adop-« tée par Fabricius (Bibl. Grœc. Lib. 2, Cap. 24); cependant » nous ne pouvons pas être de cet avis, d'après l'autorité » du Sçavant qui a commencé à nous donner la notice des » manuscrits Arabes de l'Escurial. En comparant le texte » Grec et les versions Latines que nous possédons de ce » texte, avec le texte Arabe de la version Arabe d'Hippo-» crate, faite par Honain-ben-Isac, Costha ben-luca, Isa-

[1] *Ibid.*, p. VII

[2] Docteur Guardia ; La Médecine à travers les siècles (Paris, J.-B. Baillière et fils, 1865) p. 407.

» ben-Jahia, on verra qu'il a souvent mieux entendu le
» texte Grec que les Auteurs des traductions Latines [1]. »

Et pour faire voir quel heureux parti l'on pourrait tirer de pareilles recherches en vue de l'histoire des doctrines médicales, Lorry ajoute : « Le sçavant Auteur que nous » avons cité ne doute pas, d'après les demandes de Char- » tier et de la Faculté de Paris, qu'on ne put completter » enfin, non pas en grec, mais d'après l'arabe, toutes les » Œuvres d'Hippocrate et de Galien. Ce travail digne de la » protection d'un grand Prince est trop considérable, trop » ingrat, trop opposé aux mœurs de notre siècle, pour » espérer le voir réussir [2]. »

Ce n'est pas seulement devant les contemporains d'Astruc et de Lorry que ces vérités avaient besoin d'être proclamées ; car, même de nos jours, les détracteurs n'ont pas manqué à la médecine arabe. Il n'y a pas bien longtemps que M. Barbillion, la prenant à partie, écrivait dans son *Histoire de la Médecine* :

« Il est certainement étrange de voir avec quelle ardeur » l'Europe, qui certes vers le milieu du XIIe siècle possédait » un bagage scientifique bien supérieur, accueillit les livres » arabes. Peut-être cet engouement peut-il en partie s'expli- » quer par l'intérêt d'actualité que prenaient aux yeux des » peuples occidentaux toutes les productions de ces mé- » créants contre lesquels tant d'efforts s'étaient brisés. Il » s'explique aussi par l'état de la société de cette époque » qui paraît n'avoir jamais eu moins d'aspirations vers la » liberté, seule capable de faire les peuples grands et les » intelligences supérieures. Il lui faut partout des maîtres ; » si le front se courbe sous le joug d'une aristocratie mili-

[1] Astruc ; Mémoires, *op. laud.*, pp. XII et XIII de la préface par Lorry.
[2] *Ibid.*, p. XIII.

» taire toute de force et de violence, si la conscience s'écrase
» devant la domination victorieuse de l'Eglise, l'intelli-
» gence n'est pas en reste de servilité. Aristote et Galien,
» que les Arabes ont faits plus despotiques encore, lui four-
» nissent des chaînes dont elle se plaît à augmenter le
» poids. Au XIIIe et au XIVe siècles, l'arabo-galénisme
» s'épanouit dans toutes les écoles célèbres, à Bologne, à
» Ferrare; à Pavie, à Padoue, à Milan, à Oxford, à Mont-
» pellier, à Paris. Gilbert l'Anglais, Bernard Gordon, Pierre
» d'Abano, l'Averrhoïste, que la mort n'a pas même pu
» ravir aux flammes du bûcher, Gaddesden commentent
» les livres arabes. Ce sont les mauvais jours pour la méde-
» cine, siècles de superstitions grossières où la raison
» semble abandonner l'humanité, où les conceptions mys-
» tiques, l'alchimie, la chiromancie, la nécromancie, la
» sorcellerie et l'astrologie, où tout conspire pour aug-
» menter le désordre que les excès de la scholastique
» ont mis dans la pensée humaine[1]. »

Ainsi, pour expliquer l'influence des Arabes sur les Ecoles d'Europe et particulièrement sur celle de Montpellier, où elle fut si durable, M. Barbillion invoque le besoin immodéré de s'asservir qu'aurait éprouvé le monde savant tout imprégné alors de religiosité. Ne serait-il pas plus équitable de voir, au contraire, dans cet enthousiasme une preuve des tendances libérales des médecins du Moyen-Age ? Le mysticisme triomphait partout, même dans la médecine où les théories galéniques règnaient encore sans partage. Et il ne faut pas perdre de vue que Galien[2] était un chrétien mystique ; grec d'origine, il avait dû s'exiler en Italie, et il avait emprunté à l'esprit romain son caractère autoritaire et dogmatique. Il

[1] Barbillion (L.) ; Histoire de la Médecine (Paris, Dupret, 1886), pp. 37-38.
[2] Claude Galien était né à Pergame, en Mysie, l'an 131 après J.-C.

n'est pas interdit de supposer que les médecins du Moyen-Age supportaient malaisément la tyrannie philosophique d'une doctrine qui prétendait tout rapporter à la bonté d'un Dieu tutélaire. Mais comment s'affranchir d'une si jalouse suprématie? Il n'était pas permis de tenter un retour direct aux merveilleuses traditions d'Hippocrate, car le grec était alors complètement ignoré en Occident; lorsqu'on rencontrait quelque citation de cette langue au milieu d'un texte latin, on apercevait le plus souvent en marge, tracée par quelque glossateur complaisant, la formule d'usage : « C'est du grec, cela ne se lit pas », *Græcum est, non legitur*. C'est, en effet, seulement au XVIe siècle, sous François Ier, que la première chaire de grec fut fondée dans notre pays, au Collège de France. C'est pourquoi il est permis de dire qu'avec les Arabes dont les ouvrages reproduisaient ou commentaient les textes grecs, le Moyen-Age revenait à des vues philosophiques plus positives.

Au reste, dans le volume de l'*Histoire des sciences* consacré à l'alchimie arabe, que M. Berthelot a publié avec la collaboration de mon honoré maître M. O. Houdas, professeur à l'Ecole des Langues Orientales, on rencontre plus d'une manifestation de l'esprit philosophique qui inspirait les savants de l'Islam, disciples et continuateurs des savants grecs. Lorsqu'à propos de la transmutation des métaux on lit [1] cet aphorisme de Jâber : « Les éléments sont les » mêmes dans les divers corps, mais la proportion en est » différente », n'est-on pas tenté de croire que les grands penseurs d'alors ont pressenti une vérité que les découvertes modernes de la chimie organique ont mise en évidence? Ne songe-t-on pas involontairement au sucre, au vinaigre, à

[1] Berthelot et Houdas; La Chimie au Moyen-Age (Paris, Imprimerie Nationale, 1893), t. III, p. 22.

l'alcool, à toutes les séries de corps isomères ? Aussi M. Berthelot ajoute-t-il, en citant la proposition de Djâber : « théo» rie qui fait comprendre, en effet, la possibilité de la » transmutation et indique la marche à suivre pour y » procéder. »

Si la théorie préoccupait les médecins arabes, elle ne leur faisait pas perdre de vue la pratique. Les maîtres de l'art formaient des élèves et, tout en s'occupant de leur clientèle, donnaient leurs soins aux malades des hôpitaux. En Orient, El-Mansoûr avait fondé Baghdad, en l'an 762 de l'ère chrétienne. Quelques années plus tard, en 786, Hâroûn Er-Rachîd était élevé au khalifat et s'empressait de doter la grande ville d'hôpitaux, de pharmacies, de bibliothèques et d'écoles.

D'ailleurs, l'Orient ne fut pas seul à bénéficier de ces créations fécondes. Les Sarrasins d'Espagne, suivant l'exemple des khalifes de Baghdad, imprimèrent à tous les arts utiles une impulsion des plus énergiques. On vit partout s'élever des mosquées magnifiques, dont chacune abritait sous l'ombre tutélaire de son minaret un hôpital et une université. « La médecine y était étudiée avec ardeur, et les » Ecoles d'Espagne étoient aussi florissantes que celles de l'Asie[1]. »

Mais dans un art comme la médecine, il ne suffit pas d'avoir des principes directeurs et un outillage clinique satisfaisant : il faut avant tout aboutir à des succès thérapeutiques. Si la science des docteurs arabes s'était montrée stérile, il n'y aurait pas lieu pour les générations modernes de s'inquiéter outre mesure des erreurs qu'elle a commises ou des rêves qu'elle a caressés. Mais il s'en faut que leurs efforts aient présenté une pareille inanité. Habitués par la

[1] Astruc ; Mémoires, *op. laud.*, p. X de la préface par Lorry

nature de leur climat autant que par leurs coutumes ancestrales à passer hors de leur foyer la plus grande partie de leur existence, les Orientaux sont de remarquables observateurs. Les moindres détails des phénomènes fixent leur attention et se gravent dans leur mémoire ; et s'ils ne cherchent pas toujours à les grouper sous le nom d'une théorie plus ou moins riche en hypothèses, ils savent utiliser, d'une manière purement empirique, les leçons qui en découlent. Au surplus, n'est-ce pas à l'empirisme que la thérapeutique doit recourir en dernière analyse ? Même à notre époque, chaque jour ne révèle-t-il pas quelque fait nouveau qui vient infirmer la théorie de la veille et nous contraindre à l'amender ou à l'abandonner ? La vertu maîtresse de la science n'est-elle pas justement cette faculté qu'elle se réserve de modifier ses vues générales à mesure que des faits particuliers viennent contredire les données anciennes ? Les périodes les plus pauvres en découvertes sont précisément celles où l'observation, l'expérience et l'expérimentation abdiquent, et où la théorie toute nue fait peser sur les cerveaux sa tyrannie jalouse.

Il n'est pas inutile, à cet égard, de rappeler ce que disait naguère M. le professeur Brissaud ; parlant de la main-mise des moines sur la médecine, au Moyen-Age : « Elle avait » une doctrine ; ils en firent un dogme. Le dogme se suffit à » lui-même, il n'encourage pas la curiosité ; il la condamne. » L'obscurité fait en partie sa force. Il réprouva donc tou» tes les recherches, à commencer par les dissections. Car » la créature humaine, œuvre de Dieu, est sacrée. Elle doit » attendre jusqu'au jugement dernier la résurrection de la » chair. Malheur à qui osait y toucher ! D'ailleurs les méde» cins pouvaient bien se contenter de l'anatomie du chien et » du porc. Et puis Erasistrate, le païen, n'avait-il pas ouvert » des cadavres humains ? Il n'était pas défendu de s'en

» rapporter à Erasistrate[1] ». Maigre ressource, en vérité! la seule, d'ailleurs, qui reste, de nos jours encore, aux médecins de l'empire ottoman, qui, reçus docteurs dans leur pays, doivent s'expatrier et courir l'Europe s'ils veulent manier le scalpel et voir de leurs yeux, toucher de leurs doigts les tissus de l'organisme humain.

Il semble donc injuste de reprocher aux Arabes comme on l'a fait plus d'une fois, d'avoir été des empiriques. Moins bien outillés pour l'expérimentation que ne le sont nos contemporains, ils étaient réduits souvent, il est vrai, à profiter des leçons de la seule expérience. La confusion qui s'établissait, à cette époque, entre des espèces morbides voisines les unes des autres tout au moins en apparence, nuisait à la précision de leur thérapeutique. Et il faut avouer que l'incertitude des moyens curatifs dont ils disposaient se reflète dans les habitudes actuelles de la Médecine populaire en pays musulman. Mais, d'un autre côté, on ne peut s'empêcher d'admirer, sur certains points, la justesse de leurs remarques et la sûreté de leurs inspirations; ils ont parfois devancé de plusieurs siècles les grandes découvertes des temps modernes La « leçon d'ouverture » de M. le Professeur Brissaud contient un passage intéressant, à cet égard, par le commentaire qu'il appelle. « Les événements extra-
» ordinaires auxquels nous assistons nous ont rendus non
» seulement moins sceptiques à l'égard des hardiesses du
» présent, mais plus indulgents envers certaines aberrations
» du passé. Il n'y a pas dix ans, alors que l'emploi de l'ex-
» trait thyroïdien n'avait pas encore été justifié par les
» résultats les plus étonnants dont puisse se vanter la
» thérapeutique, Brown-Séquard avait préconisé l'extrait

[1] Brissaud ; Histoire de la médecine, leçon d'ouverture faite à la Faculté de médecine de Paris (Paris, Alcan, 1899).

» de glandes spermatiques. Quelques-uns le taxèrent de » folie ; d'autres invoquèrent en sa faveur les circonstances » atténuantes qu'on doit à la débilité sénile. Or, au XVIe » siècle, quelques esprits forts raillaient déjà les anciens, » leurs anciens à eux, et à plus forte raison les nôtres, qui » engageaient les asthmatiques à manger du poumon de » renard. Pourquoi le poumon *du renard ?* Tout simplement » parce que le renard ne s'essouffle pas à la course, ce qui » est la marque d'un poumon de résistance exceptionnelle. » Était-ce tellement ridicule? Franchement je le crains un » peu, mais je n'en jurerais pas. C'était de l'opothérapie au » premier chef ; et la logique la plus rigoureuse n'avait rien » à y redire. Brown-Séquard, lui aussi, se conformait à » cette logique lorsqu'il donnait au taureau la préférence. » Il estimait, non sans raison, qu'une glande comme celle » du taureau, toujours prête à fonctionner, renferme plus » de principes actifs que celle de tel autre animal qui ne » s'éveille qu'une fois l'an pour saluer le retour d'avril. »

M. le Professeur Brissaud déclare que Brown-Séquard se conformait ainsi à la logique ; on est en droit d'ajouter qu'il marchait, à son insu peut-être, dans les voies de la tradition. En effet, les Arabes ont connu dès longtemps la pratique de l'opothérapie et de l'organothérapie. Un de leurs naturalistes les plus estimés, Demîrî [1], donne à propos du veau mâle les indications suivantes que je traduis littéralement : « El-Qazwînî a dit : On absorbe en potion le testicule du » veau après l'avoir desséché et calciné. Il excite le désir » sexuel et favorise la fréquence du coït d'une manière éton- » nante. Quant à la verge du veau séchée et soigneusement » râpée, elle rend puissant le vieillard incapable de déflorer

[1] Demîrî; La vie des animaux. (Impr. de Mohammed Châhîn, 1278 de l'hégire), t. II, p. 154, L. 23 et sq. — L'auteur vivait au Caire de 750 à 808 de l'H. (1331-1387 E. C.)

» une vierge, s'il en absorbe le poids d'une drachme ; et si, » après l'avoir râpée, on la répand sur des œufs à la coque » et qu'on les hume, elle provoque une incomparable exci- » tation au coït. — Un autre auteur a dit : Le testicule du » veau est desséché puis absorbé en potion après avoir été » râpé ; il est aphrodisiaque, provoque les érections, et » favorise la fréquence de la copulation. Sa verge calcinée, » broyée et prise en potion est utile contre le mal de dents ; » si on l'absorbe avec de l'oxymel, elle préserve des affec- » tions spléniques ».

Dans le chapitre consacré au renard, Demîrî dit encore[1] : « Son testicule desséché et administré à l'homme, en potion, » à la dose d'une drachme, augmente l'aptitude à la copu- » lation et favorise les érections. Quant à sa fiente, on la » broie avec de la pommade rosat et on en fait des onctions » sur le membre viril au moment du coït ; on peut alors » s'y livrer autant qu'on le veut. Si l'on cherche « graisse de » renard » dans le Livre des succédanés, on ne le trouvera » pas : c'est la graisse de chacal qui la remplace. »

Même en engageant les asthmatiques à manger du poumon de renard, les anciens ne s'éloignaient guère de la trace des Arabes. Demîrî écrit, en effet, à propos de cet animal : « Son poumon écrasé puis absorbé en potion est utile contre les coups d'air » [2].

Les exemples de ce genre pourraient être aisément multipliés. Mais point n'est besoin d'insister davantage sur l'importance des auteurs arabes ; il suffira de faire appel au témoignage de Daremberg. « Quand une société d'arabisants » fort au courant de la médecine ancienne voudra bien » examiner à la loupe les ouvrages arabes, elle rendra un » service au moins aussi grand à la médecine grecque qu'à

[1] Demîrî ; *op. laud.*, t. I, p. 250, l. 16 et sq.

[2] Demîrî ; *op. laud.*, t. I, p. 250, l. 6 et sq.

» la médecine arabe [1] ». Le savant qui écrivait ces lignes sentait à merveille tout le parti qu'on pourrait tirer d'une étude approfondie des œuvres laissées par les maîtres du Moyen-Age. Et, tout en conseillant les lectures étendues, il précisait les points sur lesquels devaient surtout porter les recherches. « Le grand secret pour écrire l'histoire, au moins » en sûreté de conscience sinon avec pleine garantie contre » les chances d'erreur, c'est de lire, de lire beaucoup, de » se rappeler et de comparer. Il y a surtout deux auteurs » que non seulement on devrait lire et relire, mais qu'il » faudrait presque savoir par cœur quand on aborde l'his- » toire de la médecine au Moyen-Age, deux auteurs avec » lesquels il faut toujours compter, Galien et Avicenne. » Puis, dans une note qui complétait l'expression de sa pensée, Daremberg déclarait que « rien ne serait plus utile que » de donner une bonne traduction du Canon si horrible- » ment défiguré dans les versions latines imprimées ». Il aurait pu ajouter que le texte arabe, même dans la célèbre édition de Rome, a subi des altérations nombreuses qui, pour certains passages, le rendraient inintelligible si l'on n'avait la ressource de comparer les éditions, ou de deviner la bonne leçon à travers la transparence de la traduction latine.

Il semble que, dans ces dernières années, les orientalistes aient compris combien leur collaboration pouvait être fructueuse pour les historiens de la Médecine. Quelques arabisants se sont hardiment lancés sur la voie tracée par le docteur Lucien Leclerc. L'Inde a vu revivre, en des éditions modernes, le précieux Canon d'Avicenne. En Syrie, un professeur de la Faculté française de médecine et de pharmacie

[1] Daremberg; Histoire des Sciences médicales (Paris, J.-B. Baillière et fils, 1870, p. 274).

de Beyrouth, M. P. Guigues, publiait récemment, comme thèse de Doctorat en pharmacie, le « Livre de l'Art du traitement[1] » ; l'année suivante, il révélait au monde savant un petit ouvrage peu connu de l'illustre Razès : « La guérison en une heure[2] ». Enfin, à l'étranger, M le professeur Hirschberg, de la Faculté de Médecine de Berlin, vient de publier, en collaboration avec son collègue, M. le professeur J. Lippert, la série des traités d'Avicenne qui concernent l'ophtalmologie[3].

Ce concours d'efforts désintéressés promet les résultats les plus heureux ; il permettra, tout ensemble, de mieux connaître le passé et de déterminer d'une manière plus exacte la part qui, dans le patrimoine légué par le Moyen-Age, provient de chacun des peuples d'origines si diverses, chrétiens d'Orient, persans, arabes, juifs ou berbères, que l'histoire médicale confond sous la dénomination d'Arabes, mais qui n'avaient de commun, en réalité, que les traditions qu'ils se transmettaient et la langue savante dans laquelle ils les fixaient pour l'avenir.

Il n'est pas certain, d'ailleurs, que des recherches de cette nature soient forcément cantonnées dans le domaine spéculatif. Un grand nombre de remèdes anciens, aujourd'hui tombés dans l'oubli, ne doivent peut-être le dédain dont ils sont l'objet qu'à l'inégalité des résultats qu'ils présentaient, à une époque où les méthodes de préparation et de dosage n'avaient pas la rigueur que leur ont assurée les progrès de la chimie moderne. Il est permis de supposer,

[1] Dr Paul Guigues ; « Le livre de l'Art du traitement » de Najm Ad-Dyn Mahmoud (Beyrouth, chez l'auteur, 1903).

[2] Dr Paul Guigues ; « La guérison en une heure », par Razès (Beyrouth, chez l'auteur, et Paris, Paul Geuthner, 1904).

[3] J. Hirschberg und J. Lippert ; Die Augenheilkunde des Ibn Sina aus den Arabischen übersetzt und verläutert. (Leipzig, Verlag von Veit und Comp., 1902).

par exemple, que telle plante dont les propriétés avaient été remarquées des Arabes fournirait un alcaloïde dont il serait d'autant plus facile d'éprouver les vertus que, d'une part, la thérapeutique serait en possession d'un médicament fixe et toujours identique à lui-même, et que, d'autre part, les précisions du diagnostic différentiel permettraient de déterminer l'espèce morbide à laquelle son action paraît spécialement s'adresser.

Notre époque a vu renaître, avec la haschichine, la renommée du chanvre indien, que les Arabes ont emprunté de bonne heure à la pharmacopée indienne, mais dont ils ne font guère aujourd'hui qu'un usage pernicieux en le fumant sous le nom de *h'achîch*. Même dans le domaine chirurgical, la blépharophrontopexie, remise naguère à la mode par le professeur Panas, était pratiquée chez les Arabes, qui la désignaient du nom de *charnaqà*. Ici encore, les ressources de l'antisepsie ont permis de restaurer avec succès des opérations que les anciens avaient abandonnées, sans doute à cause des accidents septiques dont elles étaient trop souvent suivies.

Cette œuvre de rénovation exigera de longues années; elle rendra nécessaire le concours de tous les esprits désintéressés qui se sentent suffisamment armés contre les risques d'erreur pour tenter d'arracher à l'oubli les monuments d'une expérience précieuse et parfois injustement dédaignée.

CHAPITRE II

LES THÉORIES PHYSIQUES ET PHYSIOLOGIQUES CHEZ LES MÉDECINS ARABES

Si l'on examine, chez les maîtres de la médecine arabe, les conceptions physiques et physiologiques, on ne rencontre guère, il faut l'avouer, de vues vraiment originales. Ici, comme en beaucoup d'autres matières, l'esprit grec a laissé son empreinte, et ce sont les théories de Galien qui sont restées vivaces. Peut-être n'est-il pas sans intérêt de les rappeler brièvement.

La matière cosmique est, selon Galien, composée de quatre éléments : le feu, la terre, l'air et l'eau. Chacun d'eux possède une qualité dont il est, pour ainsi dire, le symbole : le feu est caractérisé par la chaleur ; la terre, par le froid ; l'air, par la sécheresse ; l'eau, par l'humidité. Tous les corps matériels contiennent en plus ou moins grande quantité ces quatre principes élémentaires, et la proportion dans laquelle ils se trouvent mélangés, variant d'un corps à l'autre, donne à chacun les vertus qui lui sont propres. On retrouve donc ici, exprimée d'une manière plus concrète, l'idée maîtresse du système de Pythagore, au regard de qui le secret de la nature résidait dans le nombre, et qui proclamait que quiconque posséderait la science complète des nombres aurait la connaissance parfaite de l'univers.

Ce quaternaire des éléments se reflète dans l'organisme humain. Pour Galien, le corps est constitué par quatre humeurs : la bile noire (ou atrabile) la bile jaune, la pituite et le sang. Cette division paraissait importante au point de vue thérapeutique, et il est intéressant de voir comment les anciens auteurs la justifiaient. L'un des textes alchimiques publiés et traduits par MM. Berthelot et Houdas montre bien l'origine religieuse et mystique que les Arabes lui attribuaient.

« Il est dit dans le Pentateuque, au sujet de la création
» du premier être, que son corps fut composé de quatre
» choses qui se transmirent ensuite par hérédité : le chaud,
» le froid, l'humide et le sec. En effet, il fut composé de
» terre et d'eau, d'un esprit et d'une âme. La sécheresse
» lui vient de la terre, l'humidité de l'eau, la chaleur de
» l'esprit et le froid de l'âme.

» Ensuite le corps du premier être créé a reçu quatre
» catégories (humeurs) sans lesquelles le corps ne peut sub-
» sister, et aucune de ces catégories ne peut subsister sans
» les autres : ce sont la bile noire, la bile jaune, la pituite et
» le sang. Le siège de la sécheresse a été placé dans la bile
» noire, celui de la chaleur dans la bile jaune, celui de
» l'humidité dans le sang et celui du froid dans la pituite.
» Chaque fois que dans un corps il y a équilibre entre ces
» quatre natures, qu'aucune d'elles n'est en excédent ou en
» diminution, la santé du corps est toujours excellente.
» Mais si l'une augmente ou diminue par rapport aux autres,
» ou qu'elle envahisse le corps tout entier, alors viennent
» les maladies qui amènent la mort. En effet, nous voyons
» dans les corps de la chaleur, du froid, de l'humidité et
» de la sécheresse, et nous comprenons comment ils sub-
» sistent quand ces éléments s'équilibrent et comment ils
» dépérissent quand ces éléments sont en quantités inéga-

» les. Tous ceux qui sont clairvoyants trouveront cela dans » le Pentateuque et dans le recueil de mes livres. S'ils ne » le voient pas, c'est qu'ils sont comme ceux dont Dieu a » dit dans le Koran : Ce ne sont pas les yeux qui sont aveu- » gles, mais les cœurs qui sont dans les poitrines ne veu- » lent point voir [1]. »

Puisque les proportions de chaleur, de froid, de sécheresse et d'humidité varient dans les différents corps, comment classer ceux-ci entre eux ? Comment aussi reconnaître celui qui convient le mieux à une maladie déterminée ? C'est pour résoudre ce problème que les anciens distinguaient dans chaque corps le degré de chaleur, de froid, de sécheresse et d'humidité. Jâber[2] indique avec quelques détails la façon de déterminer ce degré.

« Lorsque, dans les choses, la chaleur est en faible » quantité, par exemple la chaleur de l'eau en ébullition, » celle du corps humain, celle qui existe à l'état normal » dans le foie et dans la chair, on dit qu'elle est du » premier degré. Si cette chaleur est moyenne, c'est-à-dire » intermédiaire entre celle que nous venons d'indiquer et » la chaleur excessive, telle, par exemple, que celle du cœur » de l'homme plongé longtemps dans une étuve, de l'eau » fortement bouillante ou encore celle de.....[3], etc. : on dit » qu'elle est du second degré. Lorsque la chaleur est plus » considérable, c'est-à-dire aussi forte que possible, par

[1] Berthelot et Houdas ; « La chimie au Moyen-Age, *op. laud.*, t. III, p. 148-149.

[2] Abôû Moûsa Jâber ben Hayyân ben 'Abdallah Es'-S'oûfi Et'-T'arsoûsi El-Koûfi, paraît avoir vécu au commencement du IIe siècle de l'hégire. — Cf. Wüstenfeld, Geschichte der Arabischen Aerzte und Naturforscher (Göttinger, Vanderhoeck und Ruprecht, 1840), p. 12-13.

[3] Les points de suspension correspondent à une lacune du texte arabe et de la traduction de M. Houdas.

» exemple celle de l'homme qui a une violente fièvre chaude, » celle de l'eau qui fait cuire à l'excès; celle de l'euphorbe, » du baume, du poivre, etc. : on dit alors qu'elle est du » troisième degré. Il n'y a pas de chaleur supérieure (en » général). Cependant vous pourrez en trouver de plus forte, » mais seulement dans les poisons. Ainsi la piqûre de la » tarentule et du scorpion....., la chaleur du feu brûlant » lui-même, celle du poison des vipères et autres de même » nature est appelée du quatrième degré. Sachez cela [1] »

Bien qu'il déclare ne pas reconnaître de chaleur supérieure au troisième degré, puis qu'il se reprenne pour affirmer qu'il en existe cependant un quatrième, Jâber explique comme il suit, dans le «Livre des Balances [2] », la manière d'établir la classification des corps à raison de leurs éléments. « Si vous » voulez savoir quelles natures renferme une chose et ce » qu'elle contient de chaleur, de froid, d'humidité et de séche- » resse, vous vous reportez au nom que la conjonction des » astres a fourni le jour de sa naissance, et vous voyez » ensuite (dans le tableau) ce que ces lettres donnent de » rangs, de degrés, de minutes, de secondes, de tierces, de » quartes et de quintes : vous connaîtrez alors ce que cette » chose renferme de chaleur, de froid, de sécheresse et » d'humidité. »

Le tableau auquel Jâber fait allusion est indiqué dans le même ouvrage. Il comprend quatre colonnes verticales dans lesquelles sont réparties, suivant un certain ordre, les lettres de l'alphabet arabe ; celles-ci étant au nombre de vingt-huit occupent ainsi sept lignes horizontales. Chacune des colonnes verticales est affectée à l'une des natures élémentaires

[1] Jâber ; Le livre de la concentration, *in* «La Chimie au Moyen-âge», *op. laud.* p. 204.

[2] Jâber ; Le livre des Balances, *in* « La Chimie au Moyen-âge», *op. laud*, pp. 158 et sq.

(chaleur, froid, sécheresse, humidité), chacune des lignes horizontales correspond à un degré de ces qualités d'autant moins accentué que la lettre considérée est placée plus bas sur le tableau. L'auteur indique ensuite la marche à suivre pour établir par ce procédé le degré de chaleur, de froid, de sécheresse et d'humidité d'un corps déterminé. Il suffit pour cela de connaître le nom qui lui a été donné, d'après la conjonction des astres, le jour où il a été découvert. On additionne alors les degrés représentés par chacune des lettres, d'après des règles que l'auteur formule d'une façon précise. Mais d'abord, comment distinguer, entre les différents noms que reçoit un corps, celui qui lui a été affecté dès l'origine ? Et dans quelle langue faut-il chercher le nom primitif ? Car tous les corps n'ont pas été découverts chez les Arabes et beaucoup portent des noms étrangers. On conçoit qu'un pareil système devait donner les résultats les plus capricieux et parfois les plus contraires à l'évidence des faits. En l'appliquant tel qu'il est exposé dans ses détails au mot *mâ*, qui désigne l'eau en arabe, on trouve que ce liquide contient deux rangs plus une seconde de chaleur, et un rang plus une demi-seconde de sécheresse, ce qui est manifestement absurde.

En jugeant l'ensemble des médecins arabes d'après les œuvres alchimiques ou astronomiques de ceux d'entre eux qui ont joint ces deux sciences à l'art de guérir, on serait amené à porter un jugement trop sévère. Il en est beaucoup qui ont su se garder de ces théories nuageuses et qui, tout en conservant, pour la forme, la classification des substances, ont eu soin de mettre au premier plan l'indication des propriétés thérapeutiques. 'Abderrezzâq est de ce nombre : dans son livre, l'eau est considérée, en dépit des théories de Jâber, comme un corps froid et humide.

Il est donc prudent et équitable de n'attacher qu'une

médiocre importance au reproche, si souvent adressé par les anciens aux médecins arabes, d'avoir donné dans les superstitions les plus grossières de l'astrologie. Ce grief n'est pas toujours réel, et le *Kechf er-roumoûz* montre la rigueur excessive de ce jugement.

Aussi bien, pour faire comprendre quelle faible valeur les médecins arabes attribuaient à cette classification, il n'est peut-être pas de meilleur monument que les préceptes que l'illustre Avicenne adresse aux cliniciens et dont je vais donner la traduction. « Il faut que vous sachiez, outre ce que » vous avez déjà appris, que quand nous disons d'un médi» cament qu'il est tempéré, nous ne voulons pas indiquer par » là qu'il l'est d'une façon absolue, car cela serait impossi» ble. Nous ne voulons pas dire non plus qu'il est équilibré » comme l'est la complexion humaine ; s'il en était ainsi, il » ferait lui-même partie de la substance humaine [1]. Mais » nous prétendons signifier que, quand le médicament est » soumis à l'action de la chaleur naturelle qui se trouve » dans le corps de l'homme, il se comporte de la même » manière que celui-ci, en subissant dans l'un des deux » sens une rupture d'équilibre [2] ; en sorte qu'il n'exerce sur » le corps aucune influence capable d'en troubler l'équili» bre. Aussi on peut le considérer comme tempéré, eu » égard à son action sur le corps de l'homme. De même, » quand nous disons d'un médicament qu'il est chaud ou » froid, nous ne voulons pas indiquer que sa substance » même est très chaude ou très froide, ni qu'elle est plus

[1] En effet, dans la conception cosmogonique de Galien et des Arabes, la diversité des choses créées tient aux différentes proportions des éléments qui les composent. Si donc deux corps contenaient la même quantité de chaleur, de froid, de sécheresse et d'humidité, ils auraient une composition identique, et se confondraient.

[2] C'est-à-dire : une rupture dans l'équilibre de ses éléments.

» chaude ou plus froide que le corps de l'homme, car alors
» un médicament tempéré aurait une complexion sembla-
» ble à celle de l'homme[1]. Mais nous voulons signi-
» fier que, sous son influence, il se produit dans le corps
» humain une chaleur ou un froid supérieurs à ceux qui lui
» sont propres. C'est pourquoi un médicament, parfois, est
» froid par rapport au corps de l'homme et chaud par rap-
» port à celui du scorpion ; ou bien chaud par rapport au
» corps de l'homme et froid par rapport à celui du serpent.
» Bien plus, il se peut aussi qu'un médicament soit plus
» chaud par rapport au corps de Zeyd qu'il ne l'est par rapport
» à celui de 'Amr[2]. Aussi est-il recommandé à ceux qui diri-
» gent un traitement en vue de modifier l'idiosyncrasie, de
» ne pas s'en tenir à un médicament unique lorsque celui-ci
» ne réussit pas[3]. »

Est-il possible de faire preuve d'une réserve plus prudente ? On est heureux de trouver chez un des maîtres de la médecine arabe ce doute vraiment scientifique. Certes, le clinicien éprouve sur ses malades les remèdes dont l'heureux effet a été observé déjà fortuitement sur d'autres hommes, ou qui ont été essayés au préalable sur des animaux ; mais il doit se garder de toute idée trop préconçue sur les résultats qu'il doit obtenir, car il risquerait de se faire illusion sur la valeur réelle de ceux qu'il obtient. En un mot, l'empirisme éclairé est la seule méthode en thérapeutique ; encore faut-il tenir compte des susceptibilités individuelles et des tolérances exceptionnelles. Cette doctrine ne serait pas désavouée par les plus grands cliniciens des temps moder-

[1] Et on a vu plus haut que tel n'est pas le sens de cette expression.

[2] Les auteurs arabes emploient les noms de Zeyd et de 'Amr comme nous faisons, en français, ceux de Pierre et de Paul.

[3] Avicenne, Canon (Livre I, section I, leçon III).

nes ; elle ne pouvait rester étrangère aux merveilleux observateurs qu'étaient les Arabes.

On rencontre chez eux, en effet, des remarques curieuses, que vérifient bien souvent les recherches plus précises de nos contemporains. Dans le « Livre des Balances [1] », par exemple, voulant montrer qu'il est des faits dont l'explication nous échappe et que le témoignage de nos sens nous oblige quand même à admettre, Jâber cite un certain nombre de phénomènes en se demandant à quoi ils doivent être attribués, et sans proposer, d'ailleurs, aucune explication. Pourquoi, dit-il, la salive de l'homme qui a bien faim ou bien soif tue-t-elle les scorpions et la plupart des insectes ? [2] Or, il se trouve que la science moderne a précisément découvert dans la salive parotidienne un sulfo-cyanure dont l'origine et le rôle sont inconnus, mais auquel on attribue une vertu microbicide, et dont les propriétés toxiques vis-à-vis des plantes ont été mises en évidence par Florain [3].

C'est sous l'inspiration de ces doctrines que 'Abderrezzâq a composé le *Kechf er-roumoûz*, puisque, comme on le verra plus loin, il a placé en tête de son ouvrage l'une des leçons d'Avicenne sur les médicaments simples.

[1] *In* « La Chimie au Moyen-âge », *op. laud.*, pp. 150 et sq.

[2] 'Abderrezzâq écrit même : « On dit qu'un homme à jeun qui crache dans la bouche d'un serpent le tue sur-le-champ » (article Salive).

[3] Cf. Viault et Jolyet, Traité de physiologie humaine (Paris, Doin, 1894), p. 203.

CHAPITRE III

'ABDERREZZÂQ EL-JEZÂÏRÎ

Parmi les auteurs dont les œuvres ont laissé des traces profondes dans les habitudes médicales des Arabes d'Algérie, 'Abderrezzâq tient une place importante. Son nom complet est 'Abderrezzâq ben Moh'ammed ben Moh'ammed ben Ah'madoûch ; il est d'usage d'y ajouter le surnom ethnique El-Jezâïrî, qui signifie l'Algérien.

Nous ignorons presque tout de son existence, car les historiens arabes qui se sont particulièrement attachés à l'étude des ouvrages médicaux sont tous antérieurs à son siècle. C'est seulement par un passage du *Kechf er-roumoûz* que l'on peut connaître approximativement l'époque à laquelle il vécut. L'auteur dit, en effet, à propos du bézoard[1], qu'il recueillit au Caire une formule de préparation pour cet antidote lors de son pèlerinage, en 1130 de l'hégire (1717-1718 de l'ère chrétienne). Comme il est peu probable qu'il n'ait eu que dix-sept ans au moment où il accomplissait le voyage de la Mekke tout en poursuivant ses recherches médicales, on doit admettre qu'il naquit avant la fin du XVIIe siècle. D'autre part, un opuscule de 'Abderrezzâq intitulé *Ta dîl el-*

[1] *Kachef er-roumoûz*, trad. du Dr Lucien Leclerc (Paris, J.-B. Baillière et Ernest Leroux, 1874), p. 76.

mizâj bi-sabab qawânîn el-'ilâj[1] est daté de Rosette, 1161 ; cette année musulmane correspond à l'an 1748 de l'ère chrétienne. Ces données autorisent à considérer l'auteur comme appartenant surtout à la première moitié du XVIIIe siècle ; il est vraisemblable, en effet, que la majeure partie de son existence s'étendit sur cette période. Car, comme on vient de le voir, il était probablement né déjà en 1700 ; et supposer qu'il n'avait pas parcouru, en 1748, la moitié de sa carrière, ce serait admettre qu'il atteignit au moins l'âge de quatre-vingt-seize ans, ce qui, même en pays arabe, constitue une longévité exceptionnelle.

Les ouvrages de 'Abderrezzâq sont le *Kechf er-roumoûz*, le *Ta 'dîl el-mijâj* cité plus haut, et un opuscule inédit et peut-être disparu, sur une épidémie de peste dont il aurait été l'observateur. Ce manuscrit est signalé par le Dr Lucien Leclerc, qui put en prendre connaissance grâce à la complaisance d'un indigène algérien qu'il comptait au nombre de ses amis.

LE « KECHF ER-ROUMOÛZ »

C'est l'ouvrage capital de 'Abderrezzâq ; il a été traduit et étudié par le docteur Lucien Leclerc[2]. Le traducteur indique, dans sa préface, les textes qui lui ont servi à établir sa version : un manuscrit qu'il avait acquis en 1861, et une copie sommaire du manuscrit d'Alger, relevé par lui en 1857. Le premier de ces deux textes m'étant inconnu, je me bornerai à parler du second.

Le manuscrit copié par le docteur Lucien Leclerc fait partie du fonds arabe de la Bibliothèque nationale d'Alger ;

[1] C'est-à-dire : Rectification du tempérament grâce aux règles du traitement.

[2] Docteur Lucien Leclerc ; *Kachef er-roumoûz*, Paris (J.-B. Baillière et Ernest Leroux), 1872.

il porte, au catalogue, le n° 921. Il se compose de 86 feuillets, soit 172 pages, d'une petite écriture, peu élégante, mais assez lisible appartenant au type cursif occidental dit *nesk'î r'arbî*. Chaque page contient dix-neuf lignes et mesure 0m185 de hauteur sur 0m135 de largeur ; le cadre de l'écriture mesure 0m145 de hauteur sur 0m105 de largeur. L'ensemble du texte est tracé à l'encre noire ; les noms des plantes et des drogues sont indiqués à l'encre rouge. De loin en loin apparaissent quelques courtes gloses marginales. Enfin, un feuillet placé en tête et annexé au manuscrit par la reliure contient une table très sommaire écrite par une main différente, et présentant seulement la liste des lettres de l'alphabet et le numéro de la page où figurent les substances dont le nom commence par chacune de ces lettres.

A la fin du manuscrit apparaît la date du 24 joumâda t''-t''ânî de l'année 1240 de l'hégire, correspondant au 13 février 1825 de l'ère chrétienne. Une main étrangère a intercalé un autre 4 entre celui qui existait déjà et le 0 qui le suit ; mais malgré cette retouche, la lecture n'est pas douteuse.

Malheureusement, rien n'indique en quel lieu cette copie a été établie. A la vérité, le type graphique montre qu'il s'agit d'un manuscrit occidental : mais c'est là une notion bien vague, puisque le domaine de l'écriture *nesk'î r'arbî* s'étend de la Tripolitaine orientale aux rives de l'Atlantique.

On n'est pas mieux renseigné sur le pays où l'ouvrage a été composé. D'une part, le surnom d'El-Jezâïri[1] porté par 'Abderrezzâq permet de supposer qu'il vécut et écrivit hors de l'Algérie ; il est, en effet, peu vraisemblable qu'il lui ait

[1] Ce nom ethnique est orthographié de deux façons différentes : en tête de l'ouvrage, on lit El-Jezîrî, et à la fin, El-Jezâïrî.

été attribué par ses compatriotes au milieu desquels sa qualité d'Algérien n'eût pu être considérée comme un caractère distinctif. D'autre part, il cite, à propos des diverses drogues, les noms arabes ou berbères usités en Algérie, en disant : « C'est ce qui, *chez nous*, s'appelle de telle façon » ; il paraît ainsi écrire constamment pour des lecteurs ayant la même origine que lui. On peut supposer que le livre a bien été écrit en Algérie, mais que ʿAbderrezzâq avait pris ou reçu le surnom d'Algérien parce qu'on aurait pu le confondre avec son homonyme, le célèbre mystique Jelâl Ed-Dîn ʿAbderrezzâq, qui vivait au XIVe siècle de notre ère.

En outre du manuscrit de la Bibliothèque nationale d'Alger, il existe du *Kechf er-roumoûz* une édition lithographiée, publiée à Alger en 1321 de l'hégire (1903-1904 de l'E. C.), par Sî Ah'med ben Mourâd Et-Terkî [1]. Le texte de cette édition est à la fois mieux soigné et plus correct que celui du manuscrit d'Alger. Il a été établi d'après une copie empruntée à une bibliothèque privée. L'éditeur a pris la précaution d'ajouter à l'ouvrage une table alphabétique des drogues renvoyant à la page même où figure chacune d'elles.

L'en-tête du *Kechf er-roumoûz* se compose de deux parties, le titre proprement dit et le sous-titre. La première partie, *Kechf* [2] *er-roumoûz*, signifie « Résolution des énigmes » ; elle est identique dans la traduction du Dr Lucien Leclerc et dans l'édition de Sî Ah'med ben Mourâd Et-Terkî. Selon l'usage musulman, le titre principal, toujours vague et métaphorique, est suivi d'un sous-titre plus clair et plus précis [3]. Mais déjà, sur ce point, les textes ne sont pas d'ac-

[1] ʿAbderrezzâq, *Kechf er-roumoûz fî beyân el-aʿchâb*, publié par Ah'med ben Mourâd El-Terkî, libraire, 13, rue Randon, Alger (1 vol. gr. in-8°, 191 pp.).

[2] C'est par erreur que le Dr L. Leclerc transcrit *Kâchef* : ce mot signifierait « celui qui révèle », et non « révélation » comme le porte sa traduction.

[3] On les relie l'un à l'autre par la préposition *fî* qui signifie « dans », c'est-à-

cord. Le manuscrit du Dr Leclerc portait *Kechf er-roumoûz fî charh' el-aqâqîr ou 'l-a'châb* (Résolution des énigmes ou exposé des drogues et des plantes). En tête de l'édition de Sî Ah'med ben Mourâd Et-Terkî, on lit : *Kechf er-roumoûz fî beyân el-a'châb* (Résolution des énigmes, ou exposé des plantes). Quant au manuscrit d'Alger, il ne contient aucune de ces mentions. En revanche, il commence par une formule du plus haut intérêt qui n'a pas attiré l'attention du Dr L. Leclerc. En tête, figure le titre suivant, tracé à l'encre rouge : « Livre quatrième, sur les médicaments simples : » exposé de leurs dénominations. — Œuvre du très savant » Sîdî 'Abderrezzâq ben Moh'ammed El-Jezîrî (Que Dieu lui » fasse miséricorde, lui accorde son pardon et lui donne » accès au plus haut des degrés [1])». Un pareil début montre de la façon la plus évidente que ce que nous appelons *Kechf er-roumoûz* n'est qu'une partie de l'ouvrage de 'Abderrezzâq.

Du reste, les auteurs musulmans ne manquent jamais de sanctifier l'ouverture de leurs livres par des invocations de circonstance adressées à Dieu. Ils y mêlent des allusions au sujet qu'ils vont traiter, si bien que le premier volume d'un ouvrage se distingue facilement de ceux qui le suivent. Mais ici, au lieu d'actions de grâce à la divinité, c'est une citation d'Avicenne qui frappe tout d'abord les yeux du lecteur, mis brusquement en présence de la quatrième leçon de la première section du second livre du Canon. Le texte de Sî Ah'med ben Mourâd Et-Terkî est, sur ce point, conforme à celui du manuscrit d'Alger, et si le Dr L. Leclerc n'a pas signalé cette citation qui se poursuit pendant plus de douze pages, c'est évidemment parce qu'elle avait été omise sur la copie qu'il possédait.

dire ici « consistant en » ; c'est l'équivalent de la conjonction « ou » qui servait naguère en français à pareil usage, quand l'emploi des sous-titres était à la mode ».

1 Il s'agit des degrés du paradis qui sont, comme on le sait, au nombre de sept; on les appelle aussi les sept coupoles (*Seba' qobeb*).

Le *Kechf er-roumoûz* est un traité de matière médicale présenté sous forme de dictionnaire. L'ordre alphabétique adopté pour le classement des mots est celui qui prévalait jadis chez les Arabes des pays barbaresques. On compte, en tout, neuf cent quatre-vingt-sept articles consacrés tant aux plantes qu'aux minéraux et animaux. Par conséquent, le sous-titre de l'édition de Sî Ah'med Et-Terkî « Exposé des plantes » n'est pas des plus exacts. Les répétitions dues à l'abondante synonymie de la langue arabe réduisent à huit cents environ le nombre des substances alimentaires ou médicamenteuses de cette nomenclature.

Il s'en faut que toutes les drogues étudiées soient en usage parmi les indigènes de l'Algérie. Plusieurs d'entre elles n'ont sans doute jamais été usitées dans le Maghreb; mais l'auteur les avait rencontrées en Orient et il a cru devoir les mentionner.

Abderrezzâq se distingue des médecins arabes de l'Occident moderne par l'absence à peu près complète de croyances superstitieuses. On chercherait en vain dans son ouvrage un signe cabalistique, une invocation mystique ; c'est à peine si, de loin en loin, à propos de la peau de serpent, par exemple, on trouve quelque allusion à l'astrologie. Aussi mérite-t-il l'éloge que lui décerne le Dr L. Leclerc en disant qu'il peut être considéré comme le dernier représentant de la médecine arabe. C'est l'expérience qui lui sert de guide : aux fruits de la sienne propre, il ajoute les enseignements de ses prédécesseurs. Les autorités sur lesquelles il s'appuie sont celles de Dâwoud El-Ant'akî [1], d'Ibn El-Beyt'âr [2], et

[1] Dâwoud El-Ant'akî naquit à Antioche, comme l'indique son surnom ethnique, et mourut à la Mekke en 1005 de l'hégire (1597 de l'E. C.).

[2] Ibn El-Beyt'âr, né à Malaga, mourut à Damas en 646 de l'hégire (1248 de l'E. C.).

d'Avicenne [1]. Parfois il invoque le témoignage de Dioscorides [2], de Galien [3], et de Paul d'Egine [4] : mais, comme le Dr L. Leclerc le remarque très justement, les citations qu'il semble faire des anciens sont empruntées à des précurseurs arabes tels qu'Avicenne, et non aux sources grecques elles-mêmes.

Bien qu'il ne s'agisse pas ici d'apprécier la traduction du Dr Lucien Leclerc, il est juste de dire qu'elle rend, en général, avec fidélité la pensée de l'auteur. Sans doute on pourrait relever quelques menues erreurs et quelques impropriétés de termes capables d'obscurcir le sens de certains passages. Par exemple, le verbe *qat'a a* qui signifie « couper » répond aussi à l'idée de « faire cesser, arrêter, tarir » ; c'est précisément la valeur qu'il prend dans la langue de ʿAbderrezzâq. Le Dr Leclerc aurait donc été mieux inspiré en rendant l'expression fréquente chez notre auteur, *yaqt'aʿ ou 'l-balr'amà* par « il tarit la pituite » au lieu de la traduire par « il incise la pituite ». De même, on rencontre à chaque instant le verbe *h'alla*, qui signifie parfois « ouvrir », employé dans son sens primitif et principal, celui de « délier » ; ainsi le mot *yah'illou* appliqué à un remède veut dire « il résout, il est résolutif », tandis que le Dr Leclerc écrit « il est apéritif », se référant à l'idée d' « ouvrir ». Mais ce sont là des détails qui n'atténuent en aucune façon la valeur de l'ensemble et l'importance du service que le Dr Lucien Leclerc a rendu à l'Histoire de la Médecine en menant à bien un travail si délicat.

1 Avicenne, né en 370 de l'hégire (980 de l'E. C.), mort en 428 de l'hégire (1037 de l'E. C.).

2 Dioscorides, né à Anazarbe (Cilicie), vivait au Ier siècle de l'E. C.

3 Claude Galien, né à Pergame (Mysie) en l'an 131, mourut vers 200 ou 210 de l'E. C.

4 Paul, né dans l'île d'Egine, appartient au VIIe siècle de l'E. C.

C'est en vue d'études plus spéculatives que pratiques que la traduction des médecins arabes a été jusqu'ici entreprise. La vogue dont les médicaments minéraux ont joui pendant de longues années semble faiblir depuis un quart de siècle ; les formulaires actuels reviennent avec quelque complaisance aux anciennes drogues végétales dont l'abandon tenait peut-être à l'inconstance des résultats obtenus jadis.

En lisant ʿAbderrezzâq comme en parcourant les œuvres de ses devanciers, on aperçoit le côté faible de cette Matière médicale dont la science moderne pourrait sans doute tirer un utile profit. Dans le *Kechf er-roumoûz* comme dans la *Ted''kerà*[1] de Dâwoud El-Ant'akî et le Canon d'Avicenne, on trouve, à la suite de chaque drogue, l'indication des organes et quelquefois des maladies auxquelles elle s'adresse. Il est bien évident qu'en disant que telle plante « convient au foie », on donne une indication actuellement sans valeur au point de vue de la thérapeutique immédiate. Mais si les anciens, à qui l'on se plaît à reconnaître de merveilleuses qualités d'observateurs, ont porté un pareil jugement, c'est qu'ils avaient été témoins de guérisons opérées, grâce à cette plante, dans certaines maladies de l'organe. Au lieu de condamner le médicament à cause des insuccès qui ont parfois suivi son emploi, il conviendrait, en conséquence, d'en éprouver l'efficacité dans les diverses espèces morbides, en mettant à profit les immenses progrès réalisés par le diagnostic, dans les temps modernes.

LA MATIÈRE MÉDICALE CHEZ LES INDIGÈNES ALGÉRIENS

Si l'Europe a dès longtemps abandonné la Matière médicale des anciens, les indigènes algériens lui sont restés plus

[1] *Ted''kerà* signifie « Mémorial ».

fidèles. Assurément, les drogues du *Kechf er-roumoûz* ne sont plus toutes d'un usage actuel. Les unes étaient d'un prix trop élevé pour que le public ait pris ou gardé l'habitude de les employer : ce sont, en particulier, celles que l'on tirait des pays étrangers. Les autres ont cédé la place à des succédanés plus répandus, dont la recherche exige un moindre effort. Mais on compte encore près d'une centaine de médicaments qui se rencontrent dans toutes les drogueries bien approvisionnées et auxquels les indigènes continuent leur confiance. Pour mettre en lumière l'état actuel des traditions laissées par ʿAbderrezzâq, il est nécessaire de présenter la nomenclature de ces remèdes populaires, avec l'indication des propriétés qui leur sont attribuées tant par l'auteur que par le public.

Les doses sont notées en mesures arabes dont il est impossible d'établir l'équivalence avec une rigoureuse exactitude. Les diverses tables dressées à cet égard sont loin d'un parfait accord. Il est donc nécessaire de fixer les idées et d'établir les bases sur lesquelles on peut s'appuyer pour déterminer la posologie de ʿAbderrezzâq.

L'unité de poids est la *qomh'à*, le grain de blé, et l'on conçoit qu'une telle mesure soit éminemment variable selon l'ancienneté de la graine, le sol où elle a été récoltée, l'état hygrométrique de l'air au moment de la pesée. Au surplus, on retrouve ici les usages métriques des Grecs dont le système ne présentait pas plus d'exactitude.

Les rapports qui relient entre eux les poids arabes sont les suivants :

Le grain (*qomh'à*) est l'unité de poids.

Le carat (*qîrât'*) vaut 4 grains.

La drachme (*dirhem*) vaut 16 carats.

Le mitqâl[1] (*mit''qâl*) vaut 1 drachme 1/2.

[1] Le mot *mit''qâl* signifie littéralement « poids ».

L'once (*ôqîyà*) vaut 12 drachmes.

La livre (*rat'l*)[1] vaut 12 onces.

Le dâniq[2] (*dâniq*) vaut 1/6 de drachme.

L'istâr[3] (*istâr*) vaut 6 drachmes et 1/2.

Pour utiliser ces données qui sont à peu près invariables, sauf peut-être en ce qui concerne le rapport du grain au carat, il est nécessaire de déterminer l'une des unités. La plus courante est la drachme ; elle correspond à 64 *qomh'à* et l'on comprend qu'il y ait déjà là une valeur d'une certaine fixité, la compensation pouvant s'établir entre les grains de différentes grosseurs. D'après Sauvaire, la drachme pesait 3 gr. 0 898 ; actuellement, elle vaut 3 gr. 20 en Syrie, et 3 gr. 09 en Egypte[4]. La moyenne de ces nombres est 3 gr. 1266.

En prenant pour point de départ cette valeur de la drachme, on peut dresser ainsi le tableau d'équivalence des poids arabes et des poids français.

Tableau des équivalences entre les poids arabes et les poids français

POIDS ARABES.	VALEUR EN GRAMMES.
Grain	0,0488
Carat	0,1954
Drachme	3.1266
Mitqâl	4,6899
Once	37.5192
Livre	450,2304
Dâniq	0.5211
Istâr	19,8018

[1] Dans le langage, on prononce *ret'ol*.

[2] Le mot *dâniq* répond, par son sens étymologique, au mot « scrupule » qui désignait chez les Romains le poids que les Grecs appelaient « gramme ».

[3] D'après H. Sauvaire (Matériaux pour servir à l'histoire de la numismatique et de la métrologie musulmane, *in* Journal asiatique, 1844), l'*istâr* vaut 6 drachmes et 2 *dâniq*. Comme le *dâniq* est le 1/6 de la drachme, l'*istâr* équivaut à 6 drachmes et 1/3. Pourtant, en tête de son édition de 'Abderrezzâq, Ah'med ben Mourâd Et-Terki indique que l'*istâr* équivaut à 6 drachmes et 1/2 et il lui attribue une valeur de 20 gr. 322.

[4] Ces chiffres sont empruntés au « Livre de l'Art du traitement », publié par le professeur P. Guigues (*op. laud.*, pp. XV et XVI de la préface).

Avant d'aborder l'exposé des drogues dont l'usage s'est maintenu parmi les populations algériennes, il n'est pas inutile d'établir la concordance entre les consonnes de l'alphabet arabe et les caractères français ou les signes conventionnels qui seront employés pour la transcription des noms indigènes. Les voyelles notées ici sont celles qui correspondent à la prononciation usuelle ; on doit leur attribuer la valeur qu'elles ont dans notre langue. La synonymie par trop touffue qui encombre l'ouvrage de ʿAbderrezzâq a été laissée de côté : elle est sans intérêt au point de vue très particulier de ce travail. Les seules dénominations qui ont été citées sont celles qui ont cours actuellement chez les droguistes indigènes d'Alger.

Tableau de transcription.

Caractères arabes	Transcription	Caractères arabes	Transcription	Caractères arabes	Transcription	Caractères arabes	Transcription
ء	'	د	D	ض	D'	ک	K
ب	B	ذ	D"	ط	T'	ل	L
ت	T	ر	R roulé	ظ	D'''	م	M
ث	T"	ز	Z	ع	'	ن	N
ج	J	س	S dur	غ	R' guttural	ه	H
ح	H'	ش	Ch	ڢ	F	و	Ou, W
خ	K'	ص	S' dur	ف	Q, G dur	ى	Y, I

NOMENCLATURE DES DROGUES CITÉES DANS LE « KECHF ER-ROUMOÛZ »

ET ACTUELLEMENT EN USAGE CHEZ LES INDIGÈNES D'ALGER

ABSINTHE *Chejrèt Meryem*[1]

Stomachique Réchauffante. Diurétique. Cholagogue. Anti-atrabilaire. En décoction, à la dose de trois onces par jour, apéritive et aphrodisiaque. Utile contre les congestions hépatiques, l'ictère, l'hydropisie causée par le froid.

Dose : de 2 à 5 drachmes de la plante ; en décoction, de 2 à 18 drachmes ; en suppositoire, de 2 à 5 drachmes.

A Alger, on la remplace par l'armoise pontique qui reçoit le nom de *chîh' el-beh'ar* et que 'Abderrezzâq appelle *chîh' ermenî*.

ACÉTATE DE CUIVRE (verdet) *Zenjâr*

Employé en poudre et en pommade contre les ulcères.

ACHE (céleri) *Kerfes*

Cette plante est citée par 'Abderrezzâq, mais le docteur L. Leclerc a rendu son nom par « persil », ce qui est évidemment une erreur, le persil est appelé en Algérie *ma 'denoûs* ; il est mentionné dans le *Kechf er-roumoûz* sous cette dénomination et aussi sous celle de *bat'râsâlioûn* (latin *petrosilium*, grec *πετροσέλινον*). Le mot *Kerfes* est employé dans toute l'Algérie pour désigner le céleri ; c'est la lecture et le sens qu'indique aussi le dictionnaire de Kasimirski. Le docteur

[1] Litt. : Arbre de Marie. 'Abderrezzâq applique ce nom à la camphrée, dont le docteur Leclerc fait une matricaire.

Guigues [1] lit *Karafs* et traduit par *apium graveolens* qui s'applique bien au céleri.

Cette plante est employée contre l'hydropisie. On lui attribue aussi des propriétés aphrodisiaques dont 'Abderrezzâq ne fait pas mention.

AGALLOCHE *'Oûd qomârî*

Tonique du cœur et du cerveau. Carminatif. Désobstruant. Utile contre les vers intestinaux, la pleurésie, la fétidité de l'haleine. Hilarant.— Le mot *'oûd* désigne le bois d'aloès ; quant au qualificatif *qomârî*, il signifie « originaire du cap Comorin ». C'est de l'Inde, en effet, que les Arabes tiraient cette drogue. Et cette remarque donne à penser que le *'oûd qomârî* est le bois de l'Agallochum secundarium, qui croît à Malacca et qu'on appelle vulgairement Garo, mais non l'Aquilaria agallocha du Thibet, avec lequel l'identifie le docteur Leclerc. D'ailleurs, le Garo est employé en fumigations pour parfumer les appartements, et c'est là un des principaux usages domestiques du *'oûd qomârî*.

Dose : 1 mitqâl.

AGARIC *S'oûfân* [2]

Résolutif des humeurs. Combat la pituite. Antidote. Utile dans les affections des reins et du foie, dans l'ictère, la dysurie, l'asthme et le rhume.

AIL CULTIVÉ *T''oûm*

Antiseptique. Vermifuge. Purgatif. Anaphrodisiaque. Emménagogue. Provoque l'expulsion de l'arrière-faix. Exerce

[1] « Le Livre de l'art du traitement », de Najar ad-Dyn Mahmoud, *op. laud.*, pp. 31 et 84.

[2] Ce mot qui signifie « laineux » paraît être un surnom local ; les dictionnaires n'en font pas mention. 'Abderrezzâq appelle l'agaric *ar'ârîqoûn* et *r'ârîqoûn*.

une action favorable dans les bronchites chroniques et les refroidissements. Expulse les sangsues arrêtées dans la gorge. Appliqué comme topique, il est utile contre les morsures de serpent et de chien enragé.

ALOÈS *S'ebor*

Purgatif. Cholagogue. Utile, en poudre, contre les ulcères de l'estomac[1] et contre la mélancolie (*mâlank'oûliyâ*). Excitant des facultés cérébrales. Antiseptique. Cicatrisant. Pris quotidiennement à la dose d'une drachme[2], il guérit de la filaire de Médine.

En Algérie, l'aloès est associé à la myrrhe (*mourr*), en sorte que l'on dit toujours *mourr ou s'ebor*.

Dose : de 1 mitqâl à 2 drachmes.

ALUN *Chebb*

Astringent. Employé en gargarismes et en collyre. — 'Abderrezzâq distingue trois sortes d'alun : *Chebb retob*[3] (alun d'Yémen), *Chebb medawwer*[4] (alun d'Egypte), et *Chebb el-asâkifà* (alun des cordonniers). Il n'en indique ni l'emploi ni la dose.

AMBRE GRIS *'Anber K'âm*

Tonique du cœur. Excitant cérébral. Stomachique. Antiseptique. Antinévralgique.

AMIDON *Nechâ*

Utile contre le rhume et contre les ulcères de l'œil.

[1] Le docteur Leclerc dit avoir lu *qoroûh' el-maq'adà* (les ulcères du siège) au lieu de *qoroûh' el-mi'dà* (les ulcères de l'estomac). Le manuscrit d'Alger et l'édition d'Ah'med-ben Mourâd Et-Terkî portent très nettement la seconde leçon.

[2] C'est par erreur que le docteur Leclerc a lu « deux drachmes ».

[3] Litt. : alun doux.

[4] Litt. : alun arrondi.

AMMONIAC (Sel) *Chenâder*

Résolutif. Employé contre les taies de la cornée, les angines et l'atonie de la luette.

L'ammoniaque liquide porte communément le nom de *roûh' ech-chenâder*. Quant à *chenâder*, c'est un mot vulgaire dérivé, par métathèse, de la forme régulière *nouchâdir*, seule indiquée par 'Abderrezzâq.

ANIS *H'abbèt el-h'alâwà*

Résolutif. Diurétique. Diaphorétique. Galactagogue. La respiration de ses vapeurs passe pour guérir la céphalalgie et les vertiges. — (Les indigènes d'Alger parsèment le pain de grains d'anis et en introduisent même dans la pâte.)

Dose : 5 drachmes

ARMOISE *Cheybèt el-'ajoûz*

Eupnéique. Vermifuge. Ténifuge. Emménagogue. Diurétique. Antidote.

(L'armoise porte aussi à Alger le nom de *chîh'*. *Cheybèt el-'ajoûz*[1] signifie « les cheveux de la vieille ».

Dose : 2 drachmes

ARSENIC *Zernîk'*

'Abderrezzâq en mentionne trois sortes : un arsenic rouge, un jaune, et un vert.

L'arsenic rouge (réalgar) aurait la propriété de guérir l'alopécie : on le mélange au miel et on en frictionne jusqu'au sang la région malade. L'arsenic rouge ne semble pas être très fréquemment employé en Algérie. — L'arsenic jaune (orpiment) est utilisé couramment pour la confection de la

[1] Dans le *Kechf er-roumoûz*, la dénomination de *Cheybèt el-'ajoûz* s'applique au lichen. Mais, comme le remarque le docteur Leclerc, Forskal l'attribue à l'armoise, d'accord en cela avec l'usage moderne.

pâte épilatoire qu'emploient les femmes musulmanes. On donne à cet arsenic le nom de *d''ehebîyà* (sous-entendu *h'ajrà*), c'est-à-dire « pierre dorée ». — L'arsenic vert est inconnu à Alger. Mais l'arsenic blanc (acide arsénieux pulvérisé), non mentionné dans le *Kechf er-roumoûz*, est bien connu des indigènes sous le nom de *rehej* ; on l'emploie quelquefois pour détruire les rats, mais il sert très souvent à perpétrer des empoisonnements criminels.

ARTICHAUT *K'orchef*

Laxatif. Aphrodisiaque.—D'après 'Abderrezzâq, son usage ferait disparaître la fétidité de l'aisselle. On lui donne aussi à Alger le nom de *Gernoûn*, tandis que l'espèce sauvage, mise en vente sur les marchés par les herboristes indigènes, porte le nom de *Gernînà*.

ASA FŒTIDA *H'antît*[1]

Utile dans les affections nerveuses, les contractures, les paralysies, l'épilepsie. Combat la diarrhée chronique et la fièvre quarte. Embellit le teint. Antidote de la piqûre du scorpion et de la morsure du chien enragé (intus et extra). Aphrodisiaque puissant (associée au sirop de mastic).

Dose : 1 mitqâl.

BENJOIN *Jâouî*

Utile contre les affections de l'estomac, les palpitations et la diarrhée. Excitant des fonctions cérébrales. Lithontriptique, associé au miel. — 'Abderrezzâq considère le benjoin comme un encens ; c'est pourquoi il n'en fait mention qu'à propos de cette substance. D'après lui, l'abus de l'encens

[1] C'est la prononciation vulgaire du mot *h'altît*.

déterminerait la lèpre tuberculeuse, la lèpre blanche et les vésanies.

Dose : 1 mitqâl.

Borax *Tenkâr*

Employé contre l'odontalgie et la carie des dents.

Café *Bounn*, *Qahwà*

Le grain porte le nom de *bounn*; la liqueur, celui de *qahwà*, d'où nous avons tiré « café ». On le triture et on le fait bouillir dans l'eau. Il est désobstruant, diurétique et sédatif. Utile dans la variole, la rougeole, les suffusions sanguines. L'usage constant de cette liqueur provoque la céphalalgie, les vertiges, la consomption, l'insomnie, les hémorrhoïdes, la mélancolie, l'anaphrodisie. Pour éviter ces effets pernicieux, il suffit d'y joindre des sucreries, de l'huile de pistache ou du beurre.

Camomille *Bâboûnej*

Tonique nevin. Lithontriptique. Emménagogue. Diurétique. Galactagogue. Guérit l'ictère. Combat la céphalalgie.

Dose : 3 mitqâl.

Camphre *Kâfoûr*

Anaphrodisiaque. Provoque une canitie précoce.

Dose : 4 carats.

Cannelle *Qorfà*

Hémostatique. Parfume l'haleine. Associée à l'eau, elle arrête le flux hémorrhoïdal.

Cantharide *Debbânèt el-Hend*[1]

Lithontriptique. Diurétique. Emménagogue. Abortive.

[1] C'est-à-dire « mouche de l'Inde ».

Spécifique de la rage[1]. Employée en frictions contre l'alopécie, la gale, les ulcères, les altérations de la couleur de la peau, la lèpre blanche et l'impétigo. Appliquée en collyre contre l'onglet et les taies de la cornée. Provoque de l'hématurie, des angines, des troubles digestifs, des coliques, des ulcérations de la peau. En décoction dans le vinaigre, associée à la gomme adragante, elle atténue la virulence des poisons animaux.

Dose : 1 cantharide (après ablation de la tête, des pattes et des ailes).

CAPILLAIRE *Es-sâq el-akh'al*

Lithontriptique. Expectorante, Astringente. Utile contre l'asthme, l'ictère, les affections spléniques et la dysurie.

Le peuple appelle la capillaire *es-sâq el-akh'al* (la tige noire). Les droguistes indigènes lui donnent le nom de *kouzber-el-bîr* (coriandre de puits) indiqué par 'Abderrezzâq sous la forme féminine *kouzberèt el-bîr*. Quant à l'appellation populaire *es-sâq el-akh'al*, elle est également citée par 'Abderrezzâq, comme je l'ai constaté dans le manuscrit d'Alger et dans l'édition d'Ah'med ben Mourâd Et-Terkî; mais le Dr Leclerc l'a transcrite à tort *sâq el akh'al*, ce qui signifierait « la jambe du nègre ». D'autre part, il est un autre synonyme usité pour désigner la capillaire; on le trouve transcrit au n° 849 de la traduction Leclerc sous la forme *sâbequa*, d'après Ibn El-Beyt'âr, car le manuscrit utilisé par le traducteur portait *sâlefâ*.

CAPRIER *Kebbâr*

La partie la plus employée est l'écorce de la racine, prise avec du vinaigre, contre les tumeurs spléniques et hépa-

[1] 'Abderrezzâq prétend que les Egyptiens triturent les cantharides avec un peu d'huile et les administrent aux personnes qui peuvent craindre cette maladie.

tiques. Le suc de la racine est un puissant émétique. La feuille améliore les ulcères de mauvaise nature et y provoque la formation de bourgeons charnus; on l'utilise aussi pour le traitement des fistules et de la sciatique.

Doses : Ecorce de la racine 3 drachmes.
Suc. . . . . 1 once.

CARDAMOME *Qâqollà*

Digestif. Stomachique. Excito-secrétoire. Constipant. — C'est le petit cardamome, et non le grand cardamome de Dioscorides, que vendent les droguistes algériens sous le nom de *h'abb hâl* et de *qâqollà*. La première expression se compose de l'arabe *h'abb* qui signifie graine, et du persan *hâl* qui désigne le grand cardamome. Quant à *qâqollà*, c'est une corruption du turc *qâqoûlè* qui désigne le cardamome. Obéissant à la tendance qui les pousse à arabiser les noms étrangers en les rapprochant des radicaux de leur propre langue, les Arabes d'Algérie ont transformé *qâqollà* en *qâ' qollà* qui signifie « fond de cruche ».

Dose : 2 drachmes.

CARVI (Grains de) *Kerwiyâ*

Digestif. Carminatif. Sédatif des coliques. Diurétique. Anthelmintique. Tonique nervin. Eupnéique. Antidote de la piqûre du scorpion. Abortif (en fumigations).

Dose : 5 drachmes.

CENTAURÉE *Merârèt el-h'anech* [1]

Cicatrisante des ulcères et des plaies. Diurétique. Emménagogue. Hémostatique. Anthelmintique. Antihémorrhoïdale (en poudre). Utile contre les pleurésies algides, la dyspepsie,

[1] Litt. : Fiel de serpent.

la bronchite chronique. Prise par la voie stomacale ou en lavement, elle combat la sciatique et les affections du bassin. Il s'agit ici de la petite centaurée, mais 'Abderrezzâq indique qu'on peut la remplacer par la grande.

CÉRUSE — *Beyâd' bendoqî* [1]

Utile contre la lientérie et contre la diarrhée des enfants.

Dose : 1 mitqâl.

CHANVRE — *Qorneb*

Inébriant. Anaphrodisiaque.

'Abderrezzâq cite cette drogue sous le nom de *Chahdânej* que les Arabes ont tiré du persan *Chahdânè* : ce mot signifie littéralement « graine royale » et s'applique à la graine de chanvre. Le terme *Qorneb* employé à Alger est une corruption de l'arabe littéral *Qonnab*. Le *Kechf er-roumoûz* indique cette synonymie, mais reste muet sur les propriétés du chanvre. Ce silence est d'autant plus étonnant que l'usage de la plante, chez les Orientaux, remonte à une haute antiquité. Ibn El-Beytt'âr dit qu'elle enivre fortement, même à la dose d'une ou deux drachmes. Il ajoute qu'il en est une espèce connue sous le nom d' « indienne » qu'il n'a vue qu'en Egypte ; elle est cultivée dans les jardins et on l'appelle communément *h'achîchâ*. En Algérie, la même plante appelée *h'achîch* (littᵗ. : herbe) est coupée en menus morceaux et fumée par certains indigènes dans de petites pipes en terre, soit seule, soit mélangée au tabac, qui favorise sa combustion. On lui donne aussi le nom de *tekroûrî* ('Abderrezzâq écrit

[1] 'Abderrezzâq cite la céruse sous son nom persan *isfîdâj* ; il indique plusieurs synonymes, entre autres *beyâd' el-wejh* (blanc du visage) qui rappelle son emploi dans la préparation des fards. Quant à la dénomination de *beyâd' bendoqî* usitée chez les droguistes algériens, elle signifie « blanc de balle de fusil », c'est-à-dire blanc de plomb.

tekroûr). Quelques amateurs de cette drogue l'absorbent sous la forme d'un électuaire qu'on obtient en la pétrissant avec du miel. Les fumeurs et les mangeurs de *h'achîch* se réunissent dans certains cafés maures appelés *mah'châchà* où, malgré la surveillance de la police, ils parviennent à satisfaire leur passion favorite qui les conduit rapidement à la déchéance intellectuelle.

Chicorée *Chikoûrî*

Utile contre les inflammations du foie et de l'estomac. Sa racine sert de topique contre la piqûre du scorpion, ainsi que son suc associé à la litharge.

'Abderrezzâq cite la chicorée sous différents noms, entre autres ceux de *hindebâ* et de *serîs*. A propos de ce dernier terme, le Dr Leclerc rappelle que, selon Pline, la chicorée sauvage portait, en Egypte, le nom de *cichonium*, et la chicorée cultivée celui de *serîs*. Sous la forme latinisée du premier vocable, on reconnaît notre mot « chicorée » que les Arabes ont adopté en Algérie.

Chiendent *Kezmîr*

Diurétique. Lithontriptique, en décoction. Abortif. Emménagogue. Expectorant. Fébrifuge. Le suc de la plante fraîche instillé dans l'œil guérit le pannus et les ulcères. On appelle aussi le chiendent *sebboûlèt el-fâr* (épi à rat); 'Abderrezzâq ne mentionne pas ce nom.

Chlorure de sodium *Melh'*

Maturatif des abcès (sous forme de cataplasme avec de l'huile et du miel). Utile contre l'impétigo (associé à l'huile et au vinaigre). Prévient la formation des phlyctènes consécutives aux brûlures (associé à l'huile). Maturatif des pustules varioliques (associé à l'eau et à la pulpe de coloquinte, et cuit avec celles-ci jusqu'à consistance de miel). Salutaire contre les fourmillements et l'érysipèle (associé au vinaigre et à l'hysope, en embrocations). Guérit la phtiriase (associé au miel et au vinaigre, en frictions sur la tête). Combat les angines (en badigeonnages sur le palais avec du miel et du vinaigre). Détruit les excroissances charnues des paupières ou des autres parties du corps. Utile contre la pituite visqueuse de la poitrine. Antidote de l'opium (associé au gingembre).

CITRON — *Lîm qâres'*

Hilarant. Désobstruant. Carminatif. Stomachique. Sédatif, des palpitations. — 'Abderrezzâq appelle le citron *t'orounj et outrouj*.

CORAIL — *Merjân*

Eupnéique. Hilarant. Utile dans les affections spléniques et la lèpre tuberculeuse. Sa cendre est cicatrisante.

Dose : 1 drachme

CORIANDRE — *Kouzbourà*

Utile contre les tumeurs inflammatoires (associée au vinaigre et à l'huile de rose). Résout les engorgements scrofuleux (unie à la farine de pois chiches). Son suc obtenu par trituration à l'état frais agirait efficacement contre la rage. Elle neutralise l'odeur que communiquent à l'haleine l'oignon, l'ail et le vin. A l'état sec, elle est anaphrodisiaque.

Doses : graine, 3 drachmes.
suc, 1 once.

CRESSONNETTE (Graine de) — *H'abb er-rechâd*

Combat la céphalalgie. Eupnéique. Emménagogue. Diurétique. Galactagogue. Utile contre la dysurie et le ténesme vésical (triturée et associée au miel, à la dose d'une drachme par jour). Employée principalement comme expectorant dans les affections pulmonaires chroniques.

Dose : 3 drachmes.

Cubèbe *Kebbâbà*

Diurétique. Constipant. Eupnéique. Antidipsique, en masticatoire. — Le Dr Leclerc assimile le cubèbe des Arabes au carpesium de Galien.

Dose : 1 mitqâl.

Cuivre (Sulfure de) *H'adîdà*

Collyre. Cosmétique très usité chez les indigènes pour teindre en noir les cheveux et la barbe.

Cumin *Kemmoûn*

Carminatif. Eupnéique, en potion avec de l'eau et du vinaigre. Utile contre les tumeurs des parties génitales, associé à l'huile et à la farine de fèves. Lithontriptique. Anaphrodisiaque.

Curcuma *Kourkoum*

Vermifuge. Ténifuge. Antihémorrhoïdal On le prend le matin, à jeun, avec du miel.

Encens (Oliban) *Loubân*

D'après 'Abderrezzâq, les propriétés de l'encens se confondent avec celles du benjoin ; on l'administre à la même dose.

Euphorbe *Forbioûn*

Collyre (triturée et associée au miel. Antidote de la piqûre des serpents. Guérit l'alopécie (en frictions, avec de l'huile) et amène la chute des escharres osseuses. Combat la paralysie de la parésie (en frictions).

Dose : 2 carats.

FENOUIL *Besbâs*

Aphrodisiaque. Diurétique. Emménagogue. Cholagogue. Fébrifuge. Stomachique. Lithontriptique. Excitant cérébral. Antidote. Collyre (en décoction). — A Alger, on emploie surtout, comme médicament, la graine (*chemâr*). La plante fraîche est galactagogue ; ses tiges sont utilisées comme condiment. Quant à la racine, elle possèderait, d'après 'Abderrezzâq, des propriétés antirabiques.

FENUGREC *H'oulbà*

Sa décoction est utile contre les affections de l'utérus, en bains de siège, et contre les ulcères du cuir chevelu. Sa macération guérit les coliques flatulentes. Aphrodisiaque (associé au miel).

Doses : graine 5 drachmes.
plante 10 drachmes.

FRÊNE (Fruits de) *Lesân 'as'foûr*[1]

Aphrodisiaque. Diurétique. Lithontriptique. Utile contre les palpitations.

Dose : 1 drachme.

GALANGA *K'ouljelân*

Digestif. Carminatif. Aphrodisiaque. Calme les douleurs de reins. Parfume l'haleine. Dentifrice. — 'Abderrezzâq donne à cette racine le nom de *K'oûlenjân*, dont *K'ouljelân* est une corruption.

[1] Litt. : Langue de passereau.

GARANCE *Foûwà*

Cholagogue. Diurétique. Emménagogue. Abortive. Utile contre la sciatique. Pour qu'elle agisse efficacement, il faut, en même temps qu'on l'administre, faire prendre un bain chaud chaque jour.

GINGEMBRE *Skenjebîr*

Aphrodisiaque. Stomachique. Digestif. Collyre utile contre les obscurcissements de la vue. On l'associe au sucre, ou bien on en fait un électuaire avec du miel.

Dose maxima : 2 drachmes.

GIROFLE (Clou de) *Qronfel*

Constipant. Carminatif. Digestif. Aphrodisiaque (à la dose d'une demi-drachme, associé au lait). Eupnéique. Antiémétique et antinauséeux. Utile contre l'anasarque. En collyre, il aiguise la vue.

Dose : 1 drachme.

GLOBULAIRE *Tâselr'â*

Purgative. Dépurative. Utile contre les douleurs iliaques et dorsales. On fait bouillir ses rameaux avec des figues, et on absorbe la décoction. Elle sert aussi à la confection d'un opiat. Les sages-femmes en administrent la poudre aux accouchées pour purifier les organes génitaux. Comme la décoction de globulaire et de figues est nauséeuse, on la corrige par l'anis. — On emploie peu, à Alger, le nom arabe de la globulaire, *'aïnoûn;* c'est le mot berbère *tâselr'â* qui prévaut.

Dose : 3 drachmes.

GOMME AMMONIAQUE *Ouchaq*

Diurétique énergique. Vermifuge et ténifuge. Calme les

douleurs (associée au miel). Utile contre les ulcères (prise avec de l'eau d'orge). Favorise l'embonpoint.

Dose : 1 drachme.

GOMME ADRAGANTE *Ket''îrâ*

Tempère la violence des médicaments purgatifs et échauffants.

Dose : 5 drachmes

GOMME ARABIQUE *S'emar' 'arbî*

Tempère la violence des médicaments actifs. Pectorale. Constipante. Antidiarrhéique. Collyre efficace contre les ulcères de la cornée (en poudre). Employée dans la consolidation des fractures. Mélangée au blanc d'œuf et appliquée en embrocations, elle prévient les phlyctènes consécutives aux brûlures.

Doses : seule, 1 mitqâl.
associée aux médicaments, 1/2 mitqâl.

GOMME LAQUE *Lekk*

Utile dans les affections des reins et de la vessie, les palpitations, l'ictère, l'hydropisie.

Dose : de 1 drachme 1/2 à 1 mitqâl.

GOMME MASTIC *Mos't'eka*

Efficace contre les maux de gorge, la céphalalgie, la gastralgie, les coliques. Apéritive.

Dose : 1 drachme.

GRAINE DU PARADIS *Joûzà reqîqà*

Carminative. Utile contre les douleurs iliaques, la sciatique, la paralysie, les parésies, le tic facial, les coliques. Aphrodisiaque héroïque. — C'est la graine de l'unona œthiopica. On la prépare de la manière suivante : après l'avoir triturée, on la fait bouillir dans cent fois son poids d'eau, jusqu'à réduction au quart; puis on décante et on fait bouillir avec de l'huile jusqu'à ce que l'eau ait disparu. On la corrige par la gomme adragante.

Dose : 1 drachme.

Harmel (peganum harmala) *H'armel*

Utile dans la conjonctivite purulente et les affections psoriques des paupières (en poudre tamisée). Employée contre les hémorrhoïdes et les douleurs rhumatismales (on la triture, on la fait bouillir avec de l'huile, puis on en prend, chaque matin, à jeun, le volume d'une noix).

Dose : 1 mitqâl.

Henné *H'ennâ*

Antiphlegmasique (associé au vinaigre, sous forme de cataplasme). Utile dans la variole, pour empêcher la maladie d'atteindre les yeux (associé à la décoction de sumac et appliqué en fomentation sur les pieds du malade). Efficace contre la lèpre tuberculeuse au début (40 drachmes en macération avec 10 drachmes de sucre, pendant vingt jours). Teinture pour les cheveux, la barbe et les ongles, employée jadis par le Prophète Moh'ammed et devenue d'un usage courant dans l'Islam. — Le henné est la « lausonia inermis ».

Dose : 5 drachmes.

Jujube *Ennâb*

Utile contre la variole et la rougeole (en sirop).

KOHEUL (Alquifoux) *Koh'l*

Très employé comme médicament curatif ou prophylactique de l'ophtalmie. — Une tradition prophétique rapportée par 'Abderrezzâq, sur la foi d'Ibn 'Abbâs, dit : « Quiconque » emploiera le *Koh'l* en collyre le jour de *'achoûrâ* ne sera » jamais atteint d'ophtalmie. » C'est par erreur que le Dr L. Leclerc a traduit « pendant dix jours » au lieu de « le jour de *'achoûrâ* », fête qui tombe le 10e jour du mois de *moh'arrem*. Les femmes utilisent le sulfure d'antimoine comme cosmétique et comme collyre ; les hommes, comme collyre seulement. Souvent on pulvérise des pierres précieuses et des perles avec le *Koh'l* dans le but d'augmenter sa puissance curative. Il est probable que les fragments anguleux de ces pierres, répandus au milieu de la poudre onctueuse du sulfure, produisent de légères scarifications qui favorisent l'effet de la substance active. Le *Koh'l* se rencontre en Algérie à l'état natif : c'est, en réalité, un sulfure double d'antimoine et de plomb.

LAVANDE (Lavandula spica) *K'ezâmà*

Excitante des sécrétions nasales. Antiflatulente. Salutaire au foie, au cœur, à la rate, aux reins, à l'utérus. Favorise la conception (administrée intus et extra). Combat la fétidité des sueurs (en onctions sur le corps).

Dose : 3 drachmes.

LAVANDE STŒCHAS *H'alh'âl*

Dépurative. Réchauffante. Combat l'atrabile, la pituite, la mélancolie, l'épilepsie, la frénésie (en potion).

Dose : 3 drachmes.

LIN (Graine de) *Zerî'èt el-kettân*

Emolliente. Maturative des abcès (unie au miel). Utile

contre les affections des ongles. Résolutive des tumeurs (triturée et battue avec de la cire et de l'eau chaude). Antihémoptysique (grillée). Aphrodisiaque (associée au miel et au poivre).

Dose : 3 à 10 drachmes.

MAHALEB (Noyaux de) *Qomîhà*

Diurétiques. Astringents. Emménagogues. Utiles contre les névralgies dorsales et iliaques. Lithontriptiques (associés à l'eau et au miel). Insecticides (en fumigations, contre les punaises).

Dose : 3 drachmes.

MARJOLAINE *Merdeqoûch*

Utile, en décoction, contre la dysurie, les coliques, les douleurs rhumatismales, l'œdème, le tic facial, le ptyalisme. Excitante et antiflatulente. Employée, en cataplasmes, contre les maux d'oreilles. Son suc passe pour empêcher la formation des cicatrices blanches consécutives aux scarifications.

Doses : décoction, 1 once.
poudre, 2 mitqâl.

MARRUBE *Merrioût*

Résolutif. Expectorant. Diurétique. Emménagogue. Collyre (associé au miel). Errhin utile contre l'ictère. Antiodontalgique. Calme l'otalgie chronique (instillé dans l'oreille) et dilate le conduit auditif. Efficace dans les affections hépatiques (1 mitqâl associé au gingembre).

Dose : 3 drachmes.

MAUVE *Moujjîr*

Laxative. Pectorale. Utile contre le prurit anal (en décoction). — 'Abderrezzâq donne, pour cette plante, différentes dénominations parmi lesquelles *oumm el-jîr*, devenue dans le langage usuel *moujjîr*. Le Dr L. Leclerc a lu par erreur *oumm el-jîryâ*, parce qu'il a rattaché au nom de la plante la syllabe *yâ*, qui appartient au mot suivant, *ya'kouloûnahâ* (ils la mangent). 'Abderrezzâq nous apprend que les Egyptiens, de son temps, employaient cette plante dans leur alimentation.

Dose : décoction, 50 drachmes.

MELILOT *Iklîl el-malek*

Astringent. Résolutif. Emollient. Maturatif des tumeurs chaudes.

Dose : 5 drachmes (en infusion).

MENTHE POIVRÉE *Na'nâ'*

Stomachique. Antinauséeuse. Aphrodisiaque. Antihémorrhoïdale (en cataplasmes, associée au chlorure de sodium). Antirabique. Antidote des piqûres de scorpion (surtout mâchée et appliquée sur la plaie). Empêche la conception (portée dans le vagin avant la copulation). L'extrait, pris le matin, est anthelminthique et ténifuge, et apaise le hoquet.

MENTHE POULIOT *Flyou*

On emploie surtout l'eau de menthe pouliot, appelée *mâ flyou*. Elle est carminative, antipsorique et anticholérique.

Dose : 5 drachmes.

MERCURE *Zouwâq'*

Parasiticide. Antipsorique. — 'Abderrezzâq cite une formule du cheikh Dâwoud, concernant des pilules qu'il appelle « les meilleures des pilules franques ». C'est par erreur que le Dr Leclerc a traduit par « des pilules excellentes contre la » maladie franque ». La présence de ce médicament composé, au milieu d'un traité consacré seulement aux médicaments simples, mérite d'être remarquée : elle donne à penser que, déjà à l'époque du *Kechf er-roumoûz*, la syphilis était une maladie fréquente chez les indigènes algériens. Les pilules du cheikh Dâwoud sont ainsi formulées :

Mercure....................	1/2 partie.
Ambre......................	*ââ* 1/4 de partie.
Musc.......................	
Opium......................	1 partie.
Scammonée..................	1 partie et 1/2.

Mêler, ajouter un peu d'euphorbe, pétrir avec un peu d'eau de roses et de farine de froment. Réduire en pilules.— Le mercure agit sous cette forme sans provoquer d'accidents.

Dose : une demi-drachme.

Miel — *'Asel*

Sert à la confection des électuaires. Minoratif.

Dose : 2 onces.

Musc — *Mesk*

Tonique du cœur et du système musculaire (en potion). Carminatif. Antidote. Antipyrétique. Excitant. Aphrodisiaque (employé en frictions sur la verge, associé à l'huile de girofle).

Myrrhe — *Mourr*

Mêmes propriétés que l'aloès, auquel elle est toujours associée.

Myrte — *Rîh'ân*

Antidiarrhéique. — Sa décoction et son huile noircissent les cheveux.

Dose : 3 drachmes.

Nard — *Senbel*

Emménagogue. Diurétique. Galactagogue.— 'Abderrezzâq distingue, d'une part, le *senbel roûmî* (nard européen), que le Dr Leclerc considère comme la valériane celtique ; d'autre part, le *senbel hendî* (nard indien) identifié aujourd'hui avec la « valeriana jatamansi ». La souche filamenteuse de cette dernière plante est employée au bain par les femmes indigènes de l'Algérie, comme parfum pour la chevelure.

Natron (soude carbonatée) — *Natroûnîyà*

Résolutif. Utile contre les affections spléniques.

Dose : 1/2 drachme.

Nigelle — *Sânoûj*

Ténifuge. — Ainsi que le fait remarquer le docteur Leclerc, la nigelle est d'un usage courant en Algérie : on en répand sur le pain et sur les galettes consommés par les indigènes.

Noix de galle — *'Afs'à*

Astringente. Cicatrisante. Dentifrice. Utile contre les tumeurs anales. Teint les cheveux en noir.

Dose : 1 mitqâl.

Noix muscade — *Joûzèt et'-t'îb*

Parfume l'haleine. Digestive. Tonique. Stomachique. Résolutive des tumeurs du foie et de la rate.

Dose : 2 mitqâl.

Noix vomique *Boû zaʿkà*

Aphrodisiaque. Utile contre les douleurs dorsales. — On l'associe au lait, à la cinnamome, au fenouil, aux langues de passereaux (fruits du frêne) et au miel; on triture le tout et l'on administre, à jeun, sous la dose d'un mitqâl. Quant à la noix vomique seule, on la donne à la dose maxima d'une demi-drachme.

Opium *Afyoûn*

Analgésique (intus et intra).

Dose : de 1 graine de caroube à 1 carat

Oranger (Feuilles d') *Ouraq nârenj*

Hilarantes. Stomachiques.

Orpiment *D''ehbîyà*

Ce sulfure d'arsenic est très employé par les femmes indigènes, qui l'associent à la chaux vive pour obtenir une pâte épilatoire dont elles font usage aux bains. Il est curieux de constater que cet emploi n'est pas mentionné par ʿAbderrezzâq, qui lui attribue seulement la propriété de guérir le prurigo et la gale (pulvérisé et associé au beurre), et de résoudre les tumeurs froides (en fomentations, associé à l'eau de roses). Son antidote est le beurre. — L'expression *h'ajrâ d''ehbîyà* ou, par abréviation, *d''ehbîyà*, signifie pierre dorée. On emploie aussi *h'ajrà s'afrâ* (pierre jaune) et *semm el-fâr* (poison de rat, mort-aux-rats).

Orties (Graine d') *Zerîʿèt el-h'arâïq*

Aphrodisiaque énergique (triturée et mélangée à l'extrait de raisin). Lithontriptique. Guérit les douleurs de reins.

Dose : 3 drachmes.

Pastel indigo *Nîlà*

Utile contre les tumeurs inflammatoires, les palpitations, les affections cutanées. Sédatif, hémostatique, antiseptique. On l'emploie pour combattre l'alopécie, la toux violente des enfants, l'hydropisie. Pour la réduction des tumeurs, on l'applique en cataplasme, associé à la farine d'orge.

Dose : 1 drachme.

Pavot *Kechk'âch*

Hypnotique (en cataplasmes sur le front et les tempes après trituration). Stupéfiant. Sa graine pilée est antidiarrhéique et combat le catarrhe utérin.

Pistache *Festaq*

Laxative. Cholagogue. Apéritive. Parfume l'haleine. Antidote des piqûres de serpents.

Poivre long *Dâr felfel*

Digestif. Carminatif. Aphrodisiaque.

Dose : 1/2 mitqâl.

Poivre noir *Felfel akh'al*

Carminatif. Galactagogue. Emménagogue Anticatarrheux (en potion). Constipant (à faible dose). Laxatif (à forte dose). Associé à partie égale de salpêtre et au vinaigre, il est utile contre certaines dermatoses (vitiligo, lèpre blanche, gale ulcérée, impetigo, mélanodermie), en frictions sur les parties malades. — Les Arabes nomades ajoutent fréquemment du poivre noir au café qu'ils prennent le matin en se levant.

Pyrèthre (Racine de) *Tigant'ast*

Antiodontalgique. Diaphorétique. Aphrodisiaque. Antipédiculaire (en frictions, associée au miel et à l'huile). Favorise la conception (administrée à la femme, sous la dose de 2 drachmes). — Le mot *tigant'ast* est berbère ; c'est le plus employé à Alger. Le nom arabe est *'oûd el-qarah'* (bois aux ulcères).

Dose : 1 mitqâl.

QUINQUINA *Kenâkà*[1]

Diurétique. Tonique. Fébrifuge. Emménagogue.—'Abderrezzâq indique très nettement le mode d'administration du quinquina dans la fièvre intermittente. On triture, dit-il, une drachme d'écorce et on l'administre dans du café, au moment de l'accès. On renouvelle cette dose deux fois, d'heure en heure : à la troisième prise, la fièvre est coupée.

Dose : 1 drachme.

RÉALGAR *Zernîk'*

Antipédiculaire (en frictions, associé à l'huile). Utile dans l'alopécie (associé au miel) ; on frictionne jusqu'au sang la région malade.

Dose : 2 dâniq.

RÉGLISSE (Bois de) *'Arq es-soûs*

Pectoral. Rafraîchissant. Diurétique. Utile dans la cystite.

RÉGLISSE (Suc de) *Robb es-soûs*

Pectoral. Collyre.

RÉSINE DE PIN *Rejînà*

Salutaire dans la bronchite chronique, l'ulcère du pou-

[1] Le mot *Kenâkà* ne se rencontre pas dans le *Kechf er-roumoûz* ; c'est un pluriel brisé provenant du singulier *Kinkînà* cité par 'Abderrezzâq.

mon, l'hémoptysie. En poudre, sur les ulcères, elle provoque la production de bourgeons charnus. Elle sert à la confection des emplâtres dessiccatifs.

RHUBARBE *Râwend*

Carminative. Désobstruante. Fébrifuge.

Dose : 1 mitqâl.

RICIN (Graines de) *H'abb el-k'eroû*

Purgatives. — 'Abderrezzâq mentionne ce médicament sans en indiquer l'emploi.

ROMARIN *Iklîl el-jebel*

Résolutif. Utile contre les palpitations, la toux, l'hydropisie.

Dose : 5 drachmes.

ROSE *Ouerd*

Anaphrodisiaque. Combat la céphalalgie, arrête la transpiration, calme les bourdonnements et les tintements d'oreille.

Doses : Fraîche, 10 drachmes.
Sèche, 4 drachmes.

ROSES (Eau de) *Mâ ouerd*

Possède les mêmes propriétés que les feuilles.

Dose : 18 drachmes.

RUE *Fîjel*

Diurétique. Anaphrodisiaque. Emménagogue. Abortive. Stomachique. Eupnéique. Anthelmintique.

SAFRAN *Za'frân*

Antiseptique. Salutaire à l'estomac, au foie, au cœur, à

l'intestin. Hilarant. Aphrodisiaque. Diurétique. Embellit le teint. — D'après 'Abderrezzâq, la seule présence du safran dans une habitation suffirait à éloigner les geckos.

Dose : 2 drachmes.

SALSEPAREILLE *'Ouchbà*

Dépurative. Employée contre la syphilis, la goutte, l'arthrite, les affections gastriques, oculaires, cutanées. Utile dans la lèpre noueuse, la gale, les plaies rebelles, les hydropisies. On fait bouillir 20 drachmes de salsepareille dans 10 litres d'eau douce; on édulcore avec un peu de racine de réglisse et du raisin sec récent; puis on fait réduire à moitié. On prend chaque jour 50 drachmes de cette préparation. — Le mot *'ouchbà* signifie littéralement « herbe »; il n'est pas cité par 'Abderrezzâq qui, désigne la racine de « Smilax china » sous les noms de *s'abrîn* et de *chebchîn*. A Tunis, on appelle la salsepareille *mebroûkà* (bénie).

SANDAL *S'andal*

Usité contre la gastralgie, trituré avec de l'eau et appliqué en épithème au creux épigastrique.

SANG-DRAGON *Dem el-k'awà*[1]

Hémostatique (intus). Stomachique. Antidiarrhéique. Laxatif.

Dose : Une demi-drachme.

SAPONAIRE *S'âboûnîyà*

Cicatrisante. On la prépare avec de l'huile et on l'ap-

[1] L'expression *dem el-k'awà* signifie « le sang des frères »; le mot *k'awà* est la prononciation vulgaire du pluriel correct *ik'wà*. Mais le nom de cette résine, que le Dr Leclerc croit issue du « Calamus draco », est, en arabe littéral, *dem el-ak'aweyn*, c'est-à-dire « le sang des deux frères ».

plique sur la plaie directement ou incorporée à quelque épithème.

SCILLE *Fer'oûn*

Employée dans la bronchite chronique et l'orthopnée. On introduit un œuf dans l'intérieur d'une scille et l'on mange l'œuf après l'avoir fait cuire ainsi. Le traitement doit être continué pendant sept jours.

SÈCHE (Os de) *Zebed el-beh'ar*

Employé en frictions aux bains pour adoucir la peau. Ses cendres servent de dentifrice; associées au sel calciné, elles guérissent les taies de la cornée chez tous les animaux. — L'expression *Zebed el-beh'ar* signifie « écume de mer ».

SÉNÉ *Senâ mekkî*

Purgatif. Cholagogue. Utile contre la gale et les démangeaisons (associé à partie égale de fumeterre, avec addition d'une petite quantité de raisin sec et de sucre). — Les mots *senâ mekkî* signifient « séné de la Mekke »; c'est un des médicaments recommandés par le prophète Moh'ammed.

Doses : en substance, 4 drachmes.
en décoction, 7 drachmes.

SEMEN CONTRA *Chîh' el-beh'ar*

Anthelmintique. Ténifuge.

Dose : 2 drachmes.

SÉSAME (Graines de) *Jeljelân*

Résolutives. Employées par les confiseurs indigènes à la préparation de nougats au miel.

Dose : 5 drachmes.

SOUCHET COMESTIBLE — *H'abb azîz*

Aphrodisiaque ; active à la fois la sécrétion et l'émission du sperme. Diurétique. Galactagogue.

Dose : jusqu'à 12 drachmes.

SOUFRE — *Kebrît*

Employé contre les dermatoses et contre la gale. Abortif. — Abderrezzâq dit en avoir fait consommer beaucoup dans sa famille pour guérir la gale (intus, avec de l'orange et de l'huile).

STAPHISAIGRE (Graines de) — *H'abb er-râs*

Détersives. Employées contre l'impétigo et la phtiriase. — L'expression *h'abb er-râs* signifie « graines de la tête ».

STYRAX — *Mî'à*

Maturatif des abcès. Utile contre le coryza et la bronchite (en fumigations). Emménagogue (par la voie stomacale ou en suppositoire). Antipesteux. Antiseptique.

Dose : de 2 à 3 mitqâl.

SUCCIN — *Keherbâ*

Hémostatique. Calme les palpitations. Antiémétique et stomachique. Associé au mastic, il combat la diarrhée.

Dose : un demi-mitqâl.

SUCRE CANDI — *Soukker qandî*

Stomachique. Désobstruant.

SULFATE DE CUIVRE — *Toûtiyà*

Collyre. Caustique des ulcères de mauvaise nature (intus et extra).

Dose : une demi-drachme.

SULFATE DE FER *Zâj*

Astringent.

Dose : 2 carats.

TAMARIN *Temer hendî*

Rafraîchissant. Stomachique.

Doses : pulpe, 6 drachmes.
décoction, 6 onces.

TERRE SAVONNEUSE *T'efel*

Utile contre les affections du cuir chevelu. — On désigne aussi cette terre, à Alger, sous le nom de *râsoûl* (lessive). A l'Exposition universelle de Paris, en 1878, des marchands algériens la vendaient en pains cubiques sous la dénomination d'*ech-chebâbîyà* (savon de beauté). Peu de temps après, des commerçants parisiens mettaient en vente le même produit sous le titre de « Zaïph birman ». Les indigènes algériens se servent journellement, aux bains, de la terre savonneuse, particulièrement pour se laver les cheveux.

TEUCRIUM *Chendeqoûrà*

Vermifuge. Entrait jadis dans la composition de la thériaque. — Le Dr Leclerc pense que le teucrium dont il s'agit est l'ivette musquée. Il indique qu'on lui donne aussi, en Algérie, le nom de *mesk el-Qobot'* (musc des Coptes). Cette expression est peut-être en usage ailleurs qu'à Alger ; sur les marchés de cette ville, on appelle ce teucrium *chendeqoûrà* ou *mesk el jânn* (musc au Génie).

THAPSIA *Deryâs*

Révulsif énergique (intus et extra). — Le thapsia est aussi connu sous le nom de *boû nâfa'* ; il est très employé.

Dose : à l'intérieur ; 6 drachmes

THYM. *Za ter*

Diurétique. Emménagogue. Galactagogue. Abortif. Désobstruant. Antihémoptysique.

Dose : 5 drachmes.

VERVÊINE *Louîzà*

Cicatrisante. Emménagogue. Utile dans les affections de la matrice (en pessaire). — 'Abderrezzâq appelle la verveine *re'ï 'l-h'amâm* (pâture des colombes) ; ni lui ni le Dr Leclerc ne font mention du mot *louîzà* sous lequel on désigne cette plante dans presque toute l'Algérie.

Dose : 2 drachmes.

VINAIGRE *K'ell*

Stomachique. Hémostatique. Combat l'érysipèle, la gale et les brûlures (associé à l'huile de roses et à l'huile d'olive). Calme la céphalalgie (en frictions sur la tête, mélangé à l'huile de roses). Utile contre les ulcères malins, les morsures venimeuses, et l'ingestion d'opium. Anaphrodisiaque. — Il est, pour le vinaigre, un emploi fréquent que 'Abderrezzâq ne mentionne pas : les Arabes en versent une petite quantité sur une brique chaude et en respirent les vapeurs, pour traiter le coryza.

Dose : 6 drachmes.

VIOLETTE (Fleurs de) *Ourâd bellesfenj*

Stomachiques. Utiles contre la céphalalgie.

Dose : de 3 à 7 drachmes.

CONCLUSIONS

1° Les œuvres des médecins arabes, tant occidentaux qu'orientaux, méritent d'être fouillées dans leurs moindres détails. Elles peuvent nous révéler des procédés thérapeutiques tombés dans l'oubli, et pourtant dignes de l'attention du monde savant à une époque où l'on voit refleurir l'opothérapie et l'organothérapie déjà connues des anciens.

2° La précision atteinte, de nos jours, par le diagnostic médical dans un grand nombre de problèmes cliniques permettrait, sans nul doute, de déterminer les espèces morbides auxquelles conviennent réellement les drogues vantées jadis dans les affections vagues d'un organe, puis abandonnées à cause des insuccès auxquels avait conduit parfois leur application intempestive.

3° Les progrès de la chimie organique mettraient le thérapeute en possession de corps bien définis, d'alcaloïdes, dont les propriétés curatives pourraient être scientifiquement éprouvées dans les différents cas.

4° Parmi les auteurs capables de fournir les renseignements les plus intéressants à cet égard, on doit compter 'Abderrezzâq El-Jezâïrî, dont l'ouvrage intitulé *Kechf erroumoûz* est resté si populaire, et, pour ainsi dire, si vivant, parmi les indigènes de l'Afrique septentrionale.

INDEX BIBLIOGRAPHIQUE

ʿAbd-el-H'aqq Mawlawî. — Kechf is't'ilâh'ât el-Qânoûn, édité par Moh'ammed ʿAlî Touhanawî. — A dictionnary of the technical terms used in the sciences of the musulmans. — 2 vol. in-4°, Calcutta, 1862.

ʿAbderrezzâq El-Jezâïrî. — Kechf er roumoûz (texte arabe). — In-8°, Ah'med ben Mourâd Et-Terkî, Alger, 1321, H.

Abd-er-Rezzâq Ed-Djezâïry. — Kachef er-roumoûz (trad. du Dr Leclerc). — In-8°, Paris, J.-B. Baillière et E. Leroux, 1874.

Amoreux. — Essai historique et littéraire sur la médecine des Arabes. — In-8°, Montpellier, Ricard, 1805.

Astruc (Jean). — Mémoires pour servir à l'histoire de la Faculté de Montpellier, revus et publiés par Lorry. — 1 vol. in-4°, Paris, Cavelier, 1767.

Avicenne. — Avicennæ, Arabum medicorum principis, Canon medicinæ, per Fabium Paulinum Utinensem. — In-f°, Venetiis, apud Juntas, 1608.

Avicenne. — Canonis libri V Avicennæ, in latinum translati a Gerardo Cremonensi. Ejusdem libellus de viribus cordis translatus ab Arnoldo de Villanova. Ejusdem cantica cum commento Averroys, translata ex arabico ad latinum a magistro Armegando Blasii, de Montepesulano. — Venetiis, per P. Maufer et N. de Contengo. In-f°, Pellechet, 1662.

Avicenne. — Flores Avicennæ collecti super quinque Canonibus quos edidit in medicina, etc..... Hoc opus impressum fuit Lugduni per Gilbertum de Villiers....., anno domini millesimo quingentesimo decimo quarto, die XXVIII novembris.

Avicenne. — Index in Avicennæ libros nuper Venetiis editos. Julio Palamedæ Adriensi medico authore. — In-f°, Venetiis, apud Juntas, 1562.

Avicenne. — Libri quinque Canonis medicinæ, etc..... (arabicè). — In-f°, Romæ, in typographia Medicea, 1593.

Barbillion (L.). — Histoire de la médecine. — In-8°, Paris, Dupret, 1886.

Berthelot et O. Houdas. — La chimie au Moyen âge ; t. III, L'Alchimie arabe. — In-4°, Paris, Impr. nat., 1893.

Bertherand (Dr E. L.). — Médecine et hygiène des Arabes. Etudes sur l'exercice de la médecine et de la chirurgie chez les Arabes d'Algérie. — In-8°, Paris, G. Baillière, 1855.

Brissaud. — Histoire de la Médecine (Leçon d'ouverture faite à la Faculté de Médecine de Paris). — Broch. in-8°, Paris, Alcan, 1899.

Costomiris (Dr Georges A.). — Etudes sur les écrits inédits des anciens médecins grecs et sur ceux dont le texte original est perdu, mais qui existent en latin ou en arabe (Mémoire lu à l'Académie des Inscriptions et Belles-Lettres de Paris, *in* Revue des études grecques. — In-8°, Paris, G. Klincksieck, 1890).

Daremberg (C.). Histoire des sciences médicales. — In-8°, Paris, J.-B. Baillière et fils, 1870.

Demîrî. — H'ayât el-h'ayawân (Vie des animaux). — Imprimerie de Moh'ammed Châhîn, 1278 H.

Dioscoride. — De medicinali materiâ. — in-8° Lyon, 1552.

Forskal. — Descriptio animalium. — In-4°, Haun, 1775.

Forskal. — Flora ægyptiaco-arabica. — In-4°, Haun, 1775.

Foureau (F.). Essai de catalogue des noms arabes et berbères de quelques plantes. — In-4°, Paris, 1896.

Galien. — De simplicium medicamentorum facultatibus. — In-8°, Lyon 1547.

Galien. — Γαληνοῦ ἅπαντα, Galeni... opera omnia ad fidem complurium et perquam vetustorum exemplariorum ita emendata atque restituta, ut nunc primum nata atque in lucem editta videri possint. — 5 vol. in-f°, Basileæ, A. Cratander, 1538.

Guardia (Dr). — Histoire de la médecine, d'Hippocrate à Broussais et ses successeurs. — In-8°, Paris, Doin, 1884.

Guardia (Dr). — La médecine à travers les siècles. — In-8°, Paris, Baillière, 1865.

Guigues (Dr Paul). — La guérison en une heure, par Razès (Texte et traduction). — In-8°, Beyrouth (chez l'auteur), et Paris, Paul Geuthner, 1904.

Guigues (**D**r **Paul**). — Le Livre de l'art du traitement, de Najm Ad-Dyn Mahmoud. — In-4°, Beyrouth, chez l'auteur, 1903.

Herbelot (d'). — Bibliothèque orientale. — In-4°, La Haye, Neaulme, 1778.

Hippocrate. — Œuvres. Traduction faite sur le texte grec par de Mercy. — In-12, Paris, Crochard, 1811-1832.

Hippocrate. — Œuvres complètes. Traduction nouvelle avec le texte grec en regard, accompagnée d'une introduction, suivie d'une table, par Littré. — 10 vol. in-8°, Paris, 1832-1861.

Hirschberg (J.) **und Lippert** (J.). — Die Augenkunde des Ibn Sina aus den Arabischen übersetzt und verläutert. — Leipzig, Verlag von Veit und Comp., 1902.

Ibn El Beyt'âr. — Traité des simples (Traduction du Dr L. Leclerc). — 3 vol. in-4°, Paris, 1877-1883.

Kuhnholtz. — Cours d'histoire de la médecine et de bibliographie médicale fait, en 1836, dans la Faculté de Médecine de Montpellier. — In-8°, Montpellier, L. Castel, 1837.

Le Clerc (**Daniel**). — Histoire de la médecine. — In-4°, Amsterdam, 1723.

Leclerc (**D**r **Lucien**). — De la médecine arabe, et particulièrement de la médecine arabe en Algérie. — In-8°, Montpellier, Ricard, 1854.

Leclerc (**D**r **Lucien**) — Histoire de la médecine arabe. — 2 vol. in-8°, Paris, E. Leroux, 1875-1876.

Mahler. — Fortsetzung der Wüstenfeld'schen Vergleichungs-Tabellen der muhammedanischen und christlichen Zeitrechnung. — In-4°. Leipzig, 1887.

Matthiole. — Commentaires de Dioscoride. (Traduction du Pinet). — In-f°, Lyon, 1556.

Mésué. — Opera quæ constant omnia. — In-f°, Venise, 1562.

Meyer. — Geschichte der Botanik. — 4 vol. in-8°, Kœnigsberg, 1854-1857.

Mullet (**Clément**). — Essai sur la minéralogie arabe. — In-8°, Paris, 1868.

Sauvaire (**H.**). — Matériaux pour servir à l'histoire de la numismatique et de la métrologie musulmanes, *in* Journal asiatique, 1884.

Sérapion. — Practica, etc... — in-f°, Venitiis, 1497.

Viault et **Jolyet**. — Traité élémentaire de physiologie humaine. — In-8°, Paris, Doin, 1894,

Wüstenfeld. — Geschichte der arabischen Aerzte und Naturforscher. — In 8°, Göttingen, Vanderhœck und Ruprecht, 1840.

Wüstenfeldt. — Vergleichungs-Tabellen der muhammedanischen und christlichen Zeitrechnung. — In-4°, Leipzig, 1854.

www.ingramcontent.com/pod-product-compliance
Lightning Source LLC
Chambersburg PA
CBHW061255060726
47596CB00002B/608

* 9 7 8 2 0 1 3 0 2 7 1 1 3 *